"创新设计思维"
数字媒体与艺术设计类新形态丛书

U0176917

抖音+剪映+Premiere
短视频创作实战

李晓斌 张晓景 编著

人民邮电出版社
北 京

图书在版编目（CIP）数据

抖音+剪映+Premiere短视频创作实战：全彩微课版 /
李晓斌，张晓景编著. -- 北京：人民邮电出版社，
2024.1
（"创新设计思维"数字媒体与艺术设计类新形态丛
书）
ISBN 978-7-115-62696-7

Ⅰ．①抖… Ⅱ．①李… ②张… Ⅲ．①视频编辑软件
Ⅳ．①TP317.53

中国国家版本馆CIP数据核字（2023）第181316号

内 容 提 要

本书从短视频创作的基础理论出发，由浅入深、系统地介绍了短视频创意、策划、拍摄、剪辑与
特效制作的方法和技巧。全书共 8 章，主要内容包括短视频基础、内容创意与策划、拍摄基础、剪辑
制作基础、使用"抖音"App 制作短视频、使用"剪映"App 制作短视频、掌握 Premiere 的基本操作
和使用 Premiere 制作短视频特效等。

本书内容全面、资源丰富，适合作为高等院校数字媒体艺术、视觉传达设计、影视摄影与制作相
关专业的教学用书，也适合作为短视频创作的从业者和短视频爱好者的参考书。

◆ 编　　著　李晓斌　张晓景
　　责任编辑　许金霞
　　责任印制　陈　犇
◆ 人民邮电出版社出版发行　　北京市丰台区成寿寺路 11 号
　　邮编　100164　　电子邮件　315@ptpress.com.cn
　　网址　https://www.ptpress.com.cn
　　涿州市般润文化传播有限公司印刷
◆ 开本：787×1092　1/16
　　印张：14.5　　　　　　　　2024 年 1 月第 1 版
　　字数：459 千字　　　　　　2024 年 10 月河北第 2 次印刷

定价：89.00 元
读者服务热线：(010)81055256　印装质量热线：(010)81055316
反盗版热线：(010)81055315
广告经营许可证：京东市监广登字 20170147 号

PREFACE
前言

短视频具有年轻化、去中心化的特点，它使每个人都可以成为主角，满足了当下年轻人彰显自我和追求个性的需求。此外，短视频具有较强的传播力，可将信息以视频的形式直观且快速地传达给用户。短视频行业的快速发展使短视频策划、剪辑等方面的人才的需求变大，同时高等院校对相关教材的需求也增大了。基于此，我们编写了本书。

本书系统地介绍了短视频的前期拍摄与后期制作，以及使用"抖音"App、"剪映"App、Premiere软件等对短视频进行剪辑与特效制作的方法和技巧，帮助读者掌握短视频的创作方法。

本书特点

1 基于短视频创作流程编写，实用性强

本书立足于短视频创作的实际应用，从短视频的策划到短视频的前期拍摄，再到短视频的剪辑与特效制作，全面系统地讲解了短视频创作的全过程。本书内容由浅入深，从"抖音""剪映"等短视频制作App到专业的视频编辑软件Premiere的应用，突出"以应用为主线，以技能为核心"的编写特点，体现"学做合一"的思想。

2 结构清晰，理论与实践结合

本书结构框架清晰，采用"理论知识+实践操作"的架构，详细介绍短视频创作方法，详细讲解操作流程，旨在帮助读者更好地理解理论知识并掌握实际操作方法。

3 案例丰富，实操性强

本书收集整理了大量短视频创作的实战案例，并详细介绍了案例的操作过程与方法，使读者能够通过案例实操，更加直观地理解所学的知识，真正起到一学即会、举一反三的学习效果。

4 图文并茂，讲解详细

本书采用图文结合的方式进行讲解，以图析文，使读者能够更加直观地理解相关理论知识，更快地掌握短视频的制作方法与技巧。

5 资源丰富，便于教学

　　本书还提供了丰富的微课视频、PPT教学课件等立体化教学资源，以帮助读者更好地学习并掌握书中讲解的内容，读者登录人邮教育社区（www.ryjiaoyu.com）即可下载。

读者定位

　　本书适合准备学习短视频创作的初、中级水平的读者。编者在编写之初便充分考虑了读者可能遇到的困难，所以力求基础知识的讲解全面且深入，内容的安排循序渐进，通过大量的实战案例使读者巩固所学知识，提高学习效率。

编　者

2023年11月

CONTENTS
目 录

第3章
拍摄基础

第4章
剪辑制作基础

第 5 章
使用"抖音"App 制作短视频

第 6 章
使用"剪映"App 制作短视频

第 7 章
掌握 Premiere 的基本操作

第8章

使用 Premiere 制作
短视频特效

第 **1** 章

短视频基础

短视频主要是指时长在几秒到几分钟不等，通过图像、声音传达一定主题或内容的视频。本章将从短视频制作基础、短视频内容创作要素、声画关系、短视频制作流程和短视频的未来发展等方面展开讲解，系统讲述短视频的相关基础知识。

1.1 理解短视频创作

图1-1 多种短视频App

近年来，互联网用户对移动互联网的依赖性越来越强，移动互联网已经成为人们生活中不可缺少的一部分。2019年，中国短视频用户使用时长首次超过长视频用户使用时长。2020年，我国短视频用户规模已经达到了8.73亿。5G时代到来，短视频作为内容传播的形式之一，将成为5G时代的社交语言。图1-1展示了多种短视频App。

1.1.1 短视频概述

目前，业界对短视频并没有统一的概念界定。通常情况下，短视频即短片视频，多指在互联网上传播的时长在几秒到几分钟不等的视频。短视频内容囊括了技能分享、时尚潮流、社会热点等主题，因其时长较短，既可以单独成片，也可以成为系列栏目。同时，随着互联网的提速与移动终端的普及，短视频逐渐获得各大平台、用户和投资方的青睐，成为互联网的又一风口。

2017年4月20日，今日头条创办首个短视频奖项——金秒奖，目的在于规范短视频行业标准。今日头条对全部参赛作品的平均时长和达到百万次以上播放量的作品进行统计后，得出结论：短视频的平均时长为4分钟，其以互联网新媒体为传播渠道，其形态包括纪录片、创意剪辑、品牌广告和微电影等。快手平台对于短视频提出的标准是"57秒、竖屏"。

TIPS 小贴士

2019年1月9日，中国网络视听节目服务协会发布《网络短视频平台管理规范》和《网络短视频内容审核标准细则》。

1.1.2 短视频的特点

短视频的概念是相对于长视频而言的。长视频主要由相对专业的公司制作完成，如电影、影视剧等，投入大、成本高、制作周期长是长视频的典型特点。

长视频与短视频的对比如表1-1所示。

表1-1 长视频与短视频的对比

方面	长视频	短视频
使用时间	集中时间、长时段	碎片化时间
内容领域	电影、影视剧	范围广泛
传播属性	以线性传播为主，速度较慢	以裂变性传播为主，速度较快
制作特点	投入大、成本高、制作周期长	投入小、成本低、制作周期短

短视频具有以下四大特点。

1. 契合大众碎片化需求

短视频时长较短、内容相对完整、信息密度较大，能在碎片时间给用户持续不断的刺激，契合用户碎片化娱乐和学习的需求。

2. 降低用户获取信息的成本

对内容消费者来说，短视频使其获取信息的成本大大降低，其利用闲暇的碎片时间就能看完一个短视频。

3. 互动性强，创作者流量负担小

短视频具有较强的互动性，我们经常可以看到一个"梗"（笑点）火了后，会有很多用户去模仿拍摄，并且存在创作者和用户在短视频下方互动的情况，甚至这个"梗"一度也能成为热点话题。同时，短视频平台会根据创作者的短视频作品进行算法计算，然后将创作者的短视频作品推送给相应的用户观看，让创作者减少对流量问题的担心。

4. 生产者与消费者之间界限模糊

在短视频领域，"每个人都是生活的导演"这句广告语其实并不夸张，如今的微博、快手、抖音已经成为许多人的表现主场。我们在观看消费短视频的同时，也有可能转换身份，成为创作生产者。

1.1.3 常见的短视频内容形式

目前，各大短视频类型的平台多种多样，它们针对的目标用户群体也各不相同。根据短视频的内容，短视频可以分为以下7种类型。

1. 纪录短片型

纪录短片型短视频以真实生活为创作素材，以真人真事为表现对象，对其进行艺术的加工与展现。纪录短片型短视频伴随传播媒体的发展而产生，由传统的纪录片发展而来，具有与传统纪录片类似的特性和特点，适合通过电视、网络传播，时长为5~25分钟。

我国出现较早的短视频制作团队有上海一条网络科技有限公司（简称为"一条视频"）和杭州二更网络科技有限公司（简称为"二更网络"），其制作的短视频大多数以纪录短片的形式呈现，内容新颖、制作精良。"一条视频"和"二更网络"成功的渠道运营优先开启了短视频变现的商业模式，被各大资本争相追逐。

"一条视频"的Logo如图1-2（a）所示。"一条视频"现已与国内外超过2500个品牌合作，拥有10万余件作品，品类涵盖日常生活的各个方面——数码家电、服饰美妆、图书文创和运动健康等。"一条视频"线下实体门店如图1-2（b）所示。

（a）

（b）

图1-2 "一条视频"的Logo与"一条视频"的线下实体门店

2. "网红"IP型

"网红"IP指在互联网中有一定知名度的知识产权内容，是文化积累到一定量级后所输出的精华，具备完整的世界观、价值观，有属于自己的生命力。"网红"IP大致可以分为4种："网红"人物、"网红"产品、"网红"概念和"网红"作品（文学、影视、游戏）。围绕"网红"IP创作的相关短视频都可以称为网红IP型短视频。

以"网红"人物为例，大众所熟知的papi酱、李子柒等在互联网上具有较高的知名度，她们制作的作品贴近生活、趣味性高，她们庞大的粉丝基数和较强的用户黏性背后潜藏着巨大的商业价值。图1-3所示为李子柒的哔哩哔哩网站账号主页与作品截图。

3. 街头采访型

街头采访型短视频也是比较热门的短视频类型，其制作流程简单，话题性强，深受都市年轻群体的喜爱。

图1-3　李子柒的哔哩哔哩网站账号主页与短视频作品截图

街头采访型短视频比较容易制作，其成功与否主要在于创作者所提出的问题是否新颖、具有吸引力，短视频整体是否有足够的趣味性，这就要求创作者具有较强的编导能力。图1-4所示为街头采访型短视频创作者"神街坊"的抖音账号主页。

4.草根搞笑型

草根指普通群众，而草根搞笑型短视频的内涵被延伸为大众文化等。大量草根搞笑型短视频为大众提供了不少娱乐话题，是比较受大众关注的短视频类型。

5. 技能分享型

随着短视频的热度不断提高，技能分享型短视频在网络上开始广泛传播。技能分享型短视频中分享的技能包括但不限于生活技巧、烹饪技巧、视频制作和办公技能等，种类多样，精彩纷呈。图1-5所示为技能分享型短视频创作者"办公技能"的抖音账户主页。

图1-4　"神街坊"的抖音账号主页　　图1-5　"办公技能"的抖音账号主页

6. 情景短剧型

情景短剧型短视频多通过几分钟时间展示一个完整的情境内容，深受用户欢迎。该类短视频内容范围广泛，家庭伦理、古风玄幻、悬疑推理、都市爱情、乡村生活等都是其常见的主题。图1-6所示为情景短剧型短视频创作者"陈翔六点半"的抖音账号主页。

TIPS 小贴士

情景短剧型短视频能不能成功是由多方面的因素决定的。首先，脚本是基础。其次，制作团队非常重要，同一个剧本由不同的团队进行拍摄，成品千差万别。最后，演员的演技要过关，表现力要强。

7. 创意剪辑型

剪辑技巧和创意是创意剪辑型短视频的核心，该类短视频或搞笑幽默，或精致震撼，有些会加入解说、评论等元素。该类短视频也是不少广告主利用短视频热潮进行品牌广告宣传的首选方式。图1-7所示为创意剪辑型短视频创作者"毒舌电影"的抖音账号主页。

图1-6　"陈翔六点半"的抖音账号主页　　图1-7　"毒舌电影"的抖音账号主页

1.1.4　主流的短视频平台

在移动互联网时代，短视频成为各企业争相角逐的风口，其背后巨大的商业价值使其遍地开花，各类短视频平台犹如雨后春笋般呈现在大众面前。下面介绍5个主流的短视频平台。

1. 抖音

抖音是短视频平台，内容以竖屏的短视频为主，其用户主要位于一二线城市，女性偏多，平台关键词为年轻、时尚。抖音目前作为一个短视频领域的头部App，不论是在用户量级上还是在相关后端服务上，都有很大的优势。图1-8所示为抖音的Logo与其PC端首页。

图1-8　抖音的Logo与其PC端首页

2. 快手

快手也是内容以竖屏短视频为主的短视频平台，其用户主要为三四线城市人群。由于快手对创作者的支持力度比较大，因此，热爱分享生活的创作者多尝试选择快手。图1-9所示为快手的Logo与其PC端首页。

图1-9　快手的Logo与其PC端首页

3. 西瓜视频

西瓜视频也是短视频平台，但是目前有往长视频方向倾斜的趋势。它的用户主要为一线和新一线城市中"80后"和"90后"人群。图1-10所示为西瓜视频的Logo与其PC端首页。

图1-10　西瓜视频的Logo与其PC端首页

4. 哔哩哔哩

哔哩哔哩，简称B站，是领域垂直度很高的短视频平台，主要面向"90后"和"00后"的二次元文化垂直类人群，用户黏性非常高。B站主要以横屏方式呈现短视频。图1-11所示为哔哩哔哩的Logo与其PC端首页。

图1-11　哔哩哔哩的Logo与其PC端首页

5. 微视

微视是腾讯旗下的短视频平台，以竖屏的短视频内容为主。微视比较容易上手，可以作为短视频创作者的辅助平台。图1-12所示为微视的Logo与其PC端首页。

图1-12 微视的Logo与其PC端首页

1.1.5 短视频内容创作方式

短视频的生产方式可以分为用户生产内容（User Generated Content，UGC）、专业用户生产内容（Professional User Generated Content，PUGC）和专业生产内容（Professional Generated Content，PGC）3种，它们的特点如表1-2所示。

UGC：短视频平台的普通用户自主创作并上传内容，普通用户指非专业个人生产者。

PUGC：短视频平台的专业用户创作并上传内容，专业用户指拥有粉丝基础的"网红"，或者拥有某一领域专业知识的关键意见领袖。

PGC：专业机构创作并上传内容。

表1-2 短视频3种生产方式的特点

UGC	PUGC	PGC
➤ 成本低，制作简单； ➤ 商业价值低； ➤ 具有很强的社交属性	➤ 成本较低，有编排，有人气基础； ➤ 商业价值高，主要靠流量赢利； ➤ 具有社交属性和媒体属性	➤ 成本较高，专业和技术要求较高； ➤ 商业价值高，主要靠内容赢利； ➤ 具有很强的媒体属性

1.2 短视频内容创作要素

想要制作出优质的短视频，首先要知道优质短视频包括哪些要素，然后优化这些要素。

1.2.1 具有吸引力的标题

广告专家奥格威在他的著作《一个广告人的自白》中说过："用户是否会打开你的文案，80%取决于你的标题。"在出版行业，一本书的书名会在很大程度上影响这本书的销量。这一定律在短视频领域也同样适用：标题是用户快速了解短视频内容并产生记忆与联想的重要途径，也是决定短视频播放率的关键因素。

从运营层面来讲，当前阶段，机器算法对图像信息的确有一定的解析能力，但相比于文字，其在准确度方面存在局限性。因此，短视频平台会从标题中提取分类关键词来对短视频进行推荐分发。之后，短视频的播放量、评论数和用户停留时长等综合因素决定了短视频平台是否会继续推荐该短视频。

从用户层面来讲，标题是短视频内容最直接的表达，也是吸引用户关注、观看的敲门砖。在观看短视频前，用户查看详情、标签、评论的概率远低于查看标题的概率。短视频能为用户解决什么问题，或者能给用户带来什么样的趣味，是创作者在拟定标题的时候需要优先考虑的问题。

图1-13所示为简洁、直观的短视频标题。

图1-13 简洁、直观的短视频标题

1.2.2 清晰自然的画面

短视频画面的清晰度直接决定用户观看短视频的体验感。画面模糊的短视频会给人留下不好的印象，可能让用户在看到的第一秒就选择跳过。在这种情况下，即使内容再好，短视频也可能得不到用户的关注。

我们会发现很多受欢迎的短视频，其画质像电影一样，画面清晰度高，色彩和谐。这一方面是因为拍摄硬件选择得好，另一方面是因为后期制作精良。现在有很多短视频拍摄和制作软件，其功能相当齐全，如滤镜、分屏、特效等功能一应俱全，可帮助创作者进行创作。

图1-14所示为清晰的短视频画面。

图1-14 清晰的短视频画面

TIPS 小贴士

不同播放媒介对短视频的画质和尺寸要求不同，通常短视频是在手机终端进行播放的，所以短视频应更好地适应手机屏幕。

1.2.3 富有价值或趣味的内容

短视频能让用户驻足观看主要有两个原因：一是用户能从中获取有用的内容，二是用户能从中获得乐趣，所以我们制作的短视频要能给用户提供有价值或者趣味的内容。

图1-15所示为搞笑短视频的画面，这类短视频具有较强的趣味性。

TIPS 小贴士

有价值或有趣味的内容有一个特征——真实，即包含真实的人物、故事和情感。真实使短视频更贴近生活，更易引起大众的共鸣。

图1-15　搞笑短视频画面

1.2.4　风格统一的音乐

如果说标题决定了短视频的播放率，那么音乐就决定了短视频的整体基调。创作者在为短视频配乐时需要注意以下两个要点。

（1）在短视频的高潮部分或者关键信息部分，切记要卡住音乐的节奏，一方面可以突出重点，另一方面可以让音乐和画面具有协调感。

（2）背景音乐的风格与短视频内容的风格要一致，搞笑短视频不可配抒情音乐，严肃短视频不可配搞笑音乐。

1.2.5　经过打磨的细节

优质的短视频都是经过精雕细刻的，甚至可能修改了数十次才得以呈现在公众面前。强大的短视频制作团队会从编剧、表演、拍摄和后期制作等方面反复打磨细节，让短视频更好看、更有创意。

1.3　短视频创作趋势

网络短视频生态系统如果要健康快速地发展壮大，需要所有的创作工作都以短视频内容为核心。提供优质的短视频内容需要网络短视频生态产业链中各环节正常运行，短视频内容的多样性则是其摆脱同质化的关键。

1.3.1　原创短视频

开发原创短视频、打造UGC新热潮，这与互联网技术的成熟、端口移动化、原创版权保护制度的完善有着密切关系。原创短视频的优点在于，版权成本低，有大众的参与性、社交性，并且适合在移动终端观看。原创短视频以提倡个性化为主要特点，将用户使用互联网的方式由原先的以下载为主转变成以上传为主，调动用户参与视频创作的积极性，使用户不再仅仅是观众，而是互联网中短视频内容的生产者和供应者。

TIPS 小贴士

UGC 模式可以满足用户想要创作出自己的短视频作品的需求。短视频平台也鼓励精品原创 UGC 视频的创作，扶持有大批忠实粉丝的草根红人及原创作者从 UGC 走向 PGC 的生产之路。

图1-16所示为"鱼太闲"所制作的原创短视频画面。在这些短视频中，创作者通过独特的卡通形象，结合诙谐幽默的口吻、夸张搞笑的动作，表现出当代年轻人的日常生活状态，让短视频显得非常可爱又富有创意，容易吸引年轻人的关注。

图1-16 "鱼太闲"的原创短视频画面

1.3.2 内容差异化

随着计算机技术的不断发展、互联网应用水平的不断提高，人们面对的是一个信息大爆炸的时代，获取信息已经是一件非常容易的事情，因此大家的注意力开始向获取更专业、更精准的信息方面转移。在现今这个时代，单纯模仿其他短视频内容是不会有发展前景的。

网络上的短视频越来越丰富，导致相同内容的短视频越来越多，如果生产者希望所创作的短视频能够脱颖而出，内容的差异化就非常重要。如果在你所定位的领域里面，已经出现了很多相同的短视频内容，这个时候就要认真考虑换个角度，从别人没有想到的点切入进去，将这个点作为将自己的短视频与其他短视频区别开来的内容差异化基础。

"叮叮冷知识"专注于知识分享，其部分短视频画面如图1-17所示。创作者用简单的卡通形象配合相应的视频、图片或表情包向用户讲解冷知识，用幽默风趣的解说配合搞笑的视频内容，这种讲解方式比传统的长篇大论更容易被用户所接受。

图1-17 "叮叮冷知识"的原创短视频画面

1.3.3 定制化短视频

定制化服务是为消费者提供满足其需求的，同时也使其满意的服务。定制化服务是一种较高层次的生产，需要生产者有更高的素质、更丰富的专业知识、更积极的工作态度。

定制化短视频是消费者主导时代的一大特色。许多专业的视频制作公司推出了视频定制服务，为不同客户量身定制视频内容，还通过自制内容建设内容差异化平台，改变短视频行业的竞争格局，得到广告商的认可。

图1-18所示为"小米手机"的抖音账号主页和短视频画面。创作者通过短视频平台可以发布新产品预告、产品宣传广告、产品功能讲解、互动活动等短视频内容，这不仅宣传了企业产品，也更好地拉近了企业与消费者之间的距离。

图1-18 "小米手机"的抖音账号主页和短视频画面

1.3.4 社交化短视频

社交与视频的深度融合成为大势所趋，创作者通过社交增进用户的视频分享体验，衍生出作品线上线下的互动。

在线视频平台不断发展，各种创新想法不断涌现，"社交"也开始和视频谋求各种自然"交集"。当今许多互联网用户都将大部分时间花在社交网站上，他们在社交网站上交友、玩游戏、看新闻、观看和分享视频。许多行业都认识到，未来需要和社交网站深度融合才能更好地生存。对于在线视频平台而言，流量无疑就是其"血液"，只有流量才能让众多的视频内容变现，而社交网站拥有的巨大流量无疑是在线视频平台所追求的。社交化短视频能够满足短视频平台的流量需求和社交网站的用户黏性需求，同时短视频社交化有利于真正挖掘短视频的价值。

1.4 声音与短视频画面的关系

画面和声音各有独特的作用，二者都是短视频创作中不可或缺的艺术造型工具。画面是短视频作品叙事的基础，声音可以补充画面，二者有机组合、扬长避短，成就了"1+1>2"的视听表现力。一般来说，声音与画面的关系主要有声音与画面同步、声音与画面分立和声音与画面对立3种。

1.4.1　声音与画面同步

声音与画面同步又称为声画合一，指短视频作品中声音和画面严格匹配，情绪和节奏一致、听觉形象和视觉形象统一，即画面中的形象与其所发出的声音同时出现又同时消失，二者一致。这是最常见的一种声画关系，其中发声体的可见性和声音的可听性，使声画营造的时空环境更真实。短视频作品中绝大多数声音和画面都是同步的，例如，我们看到画面上两人在对话，同时能听到他们的说话声；看到画面上有汽车驶来，同时能听到汽车声。发声体动作停止，声音也就消失了。声画同步加强了画面的真实感，深化了视觉形象，强化了画面内容的表现。

1.4.2　声音与画面分立

声音与画面分立又称为声画分离，是指画面中声音和画面不同步、不吻合、互相分离的情况。声画分离意味着声音和画面具有相对的独立性。声画分离时，声音和发声体不同时出现，声音是以画外音的形式出现的。因此，声画分离可以有效地发挥声音的主观化作用，起到提示人物心理活动及衔接画面、转换时空的作用。

许多短视频作品中的音乐都是与画面分离的，属于画外音乐。画外音乐常常具有比较强的主观色彩，其运用越来越广泛。创作者通过应用画外音乐，可以赋予短视频更多、更深刻的内涵，从而使短视频更具有感染力和冲击力。

1.4.3　声音与画面对立

声音与画面对立又称为声画对位，即声音和画面分别表达不同的内容，各自独立而又相互作用，通过反衬使声音与画面在情绪、情感上产生强烈的反差，从而产生震撼人心的艺术效果，体现更为深刻的思想意义。声画对位时，声音可以是语言，也可以是音乐，观众通过联想获取对比、比喻、象征等审美效果。

随着短视频的发展，画面形象与声音形象越来越不可分割。借助声音形象，画面形象会更加传神、逼真；声音形象又依托画面形象的直观性而具有感染力和震撼力。画面和声音有机地融为一体，可创造出更加真实、生动、精彩的银幕形象，给观众带来丰富的视听享受。

1.4.4　短视频音乐选择技巧

我们通过长期观察可以发现，播放量高的那些短视频，其配乐或背景音乐都是与其本身的内容、形式相关联的。选择与短视频内容关联性强的音乐有助于带动观众的情绪，提升观众对短视频的体验感。

1. 根据内容定位，选择符合短视频内容基调的音乐

通常情况下，创作者如果创作的是搞笑类短视频，那么所选择的音乐不能太抒情；如果创作的是情感类短视频，那么所选择的音乐不能太激昂。

不同的音乐带给观众的情感体验差异很大，创作者要根据定位，明确短视频要表达的内容，然后选择与短视频内容属性相符的音乐。

2. 把握短视频节点，灵活调整音乐节奏

刚入门的短视频创作者或许还不知道，镜头切换的频次一般要与音乐节奏相适应。如果短视频中长镜头较多，那么创作者就应该采用节奏缓慢的音乐；如果多个镜头的画面是快速切换的，那么创作者就应该采用节奏较快的音乐。这就是人们所说的"根据短视频节点调整短视频配乐，让短视频内容与音乐更契合"。

3. 不会选择音乐时，就选择轻音乐

轻音乐的特点是兼容性强，情感色彩相对较淡。选择对短视频兼容性强的音乐，有助于避免出现短视频内容与音乐不符的情况。

下面以常见的美食类短视频、时尚类短视频和旅行类短视频为例，分别分析短视频配乐的技巧。

美食类短视频大多以精致为目标，通常以"治愈"的主题来赢得人们的关注。这类短视频适合选择一些听起来让人觉得有幸福感或悠闲感的音乐，例如纯音乐、舒缓温情的中外文歌曲。这种音乐能让观众像享用美食一样感到愉悦，从而提升其体验感。图1-19所示为美食类短视频截图。

图1-19 美食类短视频截图

　　时尚类短视频面向的群体主要是年轻人，因此这类短视频适合选择充满时尚气息的音乐，如流行、摇滚等属性的音乐。具有时尚气息的音乐能提升短视频的潮流感，让观众产生年轻的活力感。图1-20所示为时尚类短视频截图。

图1-20 时尚类短视频截图

　　旅行类短视频主要展示世界各地的景、物、人等，这类短视频适合搭配比较大气、清冷的音乐。大气的音乐能让人们在观看视频时产生放松的感觉；而清冷的音乐与轻音乐一样，兼容性较强。音乐时而舒缓，时而澎湃，能够将旅行的"格调"充分显示出来。图1-21所示为旅行类短视频截图。

图1-21 旅行类短视频截图

当然，短视频类型不止以上3种，创作者一定要明确短视频内容的基调，从而为自己的短视频搭配合适的音乐。

1.5 短视频制作流程

短视频的制作流程与传统影片的制作流程相比简化了很多，但是要输出优质的短视频，创作者还是要遵循一定的制作流程。

1.5.1 项目定位

项目定位的目的就是让创作者有一个清晰的目标，并且一直朝着正确的方向努力。不过创作者需要注意的是，创作的内容要对人们有价值，要根据人们的需求进行创作。例如创作者的目标用户是专业人士，那么创作者就要创作出专业的内容。同时，创作的内容要贴近生活，接地气的内容能让人更有亲近感。

TIPS 小贴士

短视频应该具有明确的主题，能够传达出内容的主旨。在短视频创作的初期，创作者如果不知道如何明确主题，可以先参考优秀的案例，再发散思维。

1.5.2 剧本编写

在创作初期，非专业出身的创作者不一定能写出很专业的剧本，但也不能盲目地拍摄。无论是在室内还是在室外拍摄，创作者都必须在纸上、手机上或计算机上列出一个清晰的框架，想清楚自己的短视频要表达什么主题、在哪里拍、需要配合哪些方面，然后设计剧情。

创作者一般会寻找多个点线索，然后将它们串成一条故事线，这样可以有效地讲故事。这当然不是唯一的方式，但是短视频的时长较短，短暂的展示时间内无法让创作者讲很复杂的故事，线性讲述才能减小用户的理解压力。当然如此一来，用户难免会觉得乏味，但创作者可以通过一些后期手段进行弥补，以使故事更清晰，结构更紧密。

1.5.3 前期拍摄

在短视频拍摄过程中，创作者要防止出现画面混乱、拍摄对象不突出的情况。成功的拍摄应该做到主体突出，主次分明，画面简洁、明晰，让人有赏心悦目之感。

如何才能有效防止出现短视频拍摄画面抖动的情况呢？以下两点建议希望可以帮到创作者。

1. 借助防抖器材

现在市面上有很多防抖器材，如三脚架、独脚架、防抖稳定器等，创作者可以根据所使用的短视频拍摄器材配备相应的防抖器材。

2. 注意拍摄的动作和姿势，避免大幅度动作

创作者在拍摄移动镜头时，上身动作要少，下身以小碎步移动；镜头需要旋转时，要以整个上身为轴旋转，尽量不要移动双手的关节。

创作者在拍摄时应注意画面要有一定的变化，不要以一个焦距、一个姿势拍完全程，要通过推镜头、拉镜头、跟镜头、摇镜头等来使画面富有变化。例如进行定点人物拍摄时，创作者要注意通过推镜头进行全景、中景、近景、特写的拍摄，以实现画面的切换，避免画面单调。

1.5.4　后期制作

短视频素材的整理工作也是非常有必要的。创作者要对短视频素材进行有效分类，这样可以提高工作效率，同时也可以使思路变得清晰。短视频素材拍好后，创作者需要进行后期制作，例如实现画面切换、添加字幕、设置背景音乐、制作特效等。在后期制作环节，对于主题、风格、背景音乐、大体的画面衔接过程，创作者都需要在正式开始剪辑前进行构思，也就是说创作者要先在脑子里想象短视频最终的效果，这样剪辑时才会更加得心应手。

剪辑时，创作者要注意依据自己的创作主题、思路和脚本进行操作。在剪辑过程中，创作者可加入转场特效、蒙太奇效果、多画面效果、画中画效果，并进行画面调色等操作。但需注意，适量且合适的特效可提高短视频的档次，过多特效会使人眼花缭乱。

在制作纯动画形式的短视频的过程中，创作者一定要注意动态元素的自然流畅，遵循真实规律。强化动画设计中的运动弧线可以使动作更加自然流畅。

1.5.5　发布与运营

短视频在制作完成之后，进入发布环节。在发布阶段，创作者要做的工作主要包括选择合适的发布渠道、监控渠道数据和优化发布渠道。只有做好这些工作，短视频才能够在最短的时间内迅速吸引用户，进一步传播。

短视频的运营工作同样非常重要，良好的运营可以保持用户黏性。下面介绍3个短视频运营的小技巧。

1．固定更新时间

创作者要尽量稳定自己的更新频率，在固定时间更新，这样不仅能让自己的账号活跃度更高，同时也能够培养用户的观看习惯，从而有效提高用户的留存率与黏性。

2．多与用户互动

用户可以说是短视频创作者的"衣食父母"，如果没有用户流量，那么短视频创作者很难获得收益。所以发布短视频之后，创作者要多与用户互动。

3．多发布热点内容

短视频内容也是可以与热点相关，但是创作者需要注意热点的安全性，要按照平台要求去追热点。总的来说，就是创作者在追求热点的同时要做好内容质量管理。

1.6　短视频的未来发展

随着短视频行业的发展，短视频用户规模成倍增长，其逐渐成为移动互联网发展不可或缺的一部分。短视频的未来发展具体体现在以下几方面。

（1）大量三四线城市和乡镇的年轻用户为短视频平台带来可观的流量红利。

（2）以大数据和智能算法为基础，短视频的精准分发技术被广泛应用。大数据的积累使短视频平台能够更好地匹配短视频作品和目标用户。

（3）新技术、新应用推动短视频内容制作向智能化发展。例如智能化的剪辑应用可以实现剪辑环节的自动化，图像识别技术可以极大地提高短视频平台的审核效率，人脸识别技术可以提供美颜、AR等功能。

随着渠道全面垂直化，短视频平台和内容创作者仍能在未被占领的细分领域获得较大的发展空间，短视频行业可以在细分领域中找到新的机遇。此外，短视频行业仍然需要充分发掘用户数据价值，进一步探索新的盈利模式。

未来，随着5G技术的发展和应用，以及农村互联网的进一步普及，短视频仍有很乐观的增长前景。同时，AR、VR、航拍、全景等短视频拍摄技术的日益成熟和应用，会给用户带来越来越好的视觉体验，进而有力地促进短视频行业的发展。

1.7 本章小结

本章主要向读者介绍了短视频相关的基础知识，内容包括短视频的界定、优质短视频的要素、声画关系、短视频制作流程和短视频的未来发展等。通过对本章内容的学习，读者能够对短视频有更深入的理解和认识，可以更好地完成接下来的学习任务。

内容创意与策划

随着个性化需求得到满足，用户对内容深度的要求越来越高，短视频内容应用进入成熟期，内容细分化趋向明显。丰富、优质的短视频内容是吸引用户的关键，这就需要创作者在拍摄之前能够提出富有创意的内容策划方案。

本章主要介绍短视频内容创意与策划的相关内容，讲解短视频团队组成、短视频创意基础、短视频脚本策划、不同类型短视频的策划要点和短视频内容创意方法等，以期读者能够理解并掌握短视频内容创意与策划的方法及形式。

2.1 短视频团队的组成

随着短视频行业的快速发展，很多专业的短视频团队逐渐诞生了，短视频团队创作的短视频比个人创作的短视频更加专业。要想拍摄出优秀的短视频作品，短视频团队的组建不容忽视。一个专业的短视频团队一般需要以下成员。

1. 编导

在短视频团队中，编导是"最高指挥官"，相当于节目的导演，主要对短视频的主题、风格、内容方向及内容的策划和脚本负责，并按照短视频定位及风格确定拍摄计划，协调各方人员，以保证工作进程。另外，编导也需要参与剪辑环节，所以这个角色非常重要。编导的工作主要包括短视频策划、脚本创作、现场拍摄、后期剪辑、短视频包装（片头、片尾的设计）等。

2. 摄影师

优秀的摄影师能够通过镜头完成编导规划的拍摄任务，并给剪辑师留下非常好的原始素材，节约制作成本，并完美地达到拍摄的目的。优秀的摄影师是短视频能够成功的保障，因为短视频的表现力及意境都是通过镜头语言来表现的。摄影师需要熟悉镜头语言，精通拍摄技术，还需要对视频剪辑工作有一定的了解。

3. 剪辑师

剪辑是对声像素材的分解、重组工作，也是对素材的再创作。将素材变为作品的过程，实际上是一个精心的再创作过程。

剪辑师是短视频后期制作中不可或缺的重要角色。一般情况下，在短视频拍摄完成之后，剪辑师需要对拍摄的素材进行选择与组合，舍弃一些不必要的素材，保留精华部分；还会利用一些视频剪辑软件为短视频配音、制作特效，以更加准确地突出短视频的主题，保证短视频结构严谨、风格鲜明。对短视频创作来说，剪辑师通过后期制作可以将杂乱无章的片段进行有机组合，形成一个完整的作品。

4. 运营人员

虽然精彩的内容是短视频得到广泛传播的关键因素，但是短视频的传播也离不开运营人员对短视频的网络推广。在移动互联网时代，短视频平台众多，传播渠道多元化，如果没有一名优秀的运营人员对短视频进行网络推广，无论内容多么精彩，恐怕短视频都会被淹没在茫茫的信息大潮中。由此可见，运营人员的工作直接关系到短视频能否被用户注意，进而实现商业变现。

运营人员的主要工作包含以下4个方面。

（1）内容管理：为短视频团队提供导向性意见。

（2）用户管理：负责处理用户反馈、策划用户活动、创建用户社群等。

（3）渠道管理：掌握各种渠道的推广动向，积极参与各种活动。

（4）数据管理：分析渠道播放量、评论数、收藏数、转发数背后的意义。

5. 演员

短视频中的演员一般是非专业的，短视频团队一定要根据短视频的主题慎重选择演员，演员和短视频的定位要一致，不同类型的短视频对演员的要求不同。例如，脱口秀类短视频倾向于选择表情比较夸张，可以惟妙惟肖地诠释台词的演员；故事叙事类短视频倾向于选择肢体语言表现力较强的演员；美食类短视频对演员提升食物吸引力的能力有较高要求；生活技巧类、科技数码类等短视频对演员没有太多演技上的要求。

2.2 短视频创意基础

短视频是现今最受欢迎的视频形式，要想自己的短视频在众多短视频中脱颖而出，富有创意的短视频内容是不可或缺的。内容创意是指在短视频中表达出独特的思想、故事或创造性想法，让短视频变得更加有趣、引人入胜。

2.2.1 创意的概念

短视频的受众具有无限宽广性，凡是有条件接触影视等传统媒体或网络等新媒体的人都可以成为短视频的受众，所以在这个人人都能参与的"草根秀"时代，低门槛的短视频把影视平民化，实现了大众与影视艺术的真正互动。"记录美好生活"——当抖音喊出这句响亮的口号时，短视频也随之将生活中的创意带入千家万户。

"奶龙"在抖音平台拥有2000多万粉丝，其独创的卡通形象非常可爱，深受年轻粉丝的欢迎。在其所发布的短视频中，令人捧腹的卡通形象结合奶声奶气的配音，非常富有创意，从而快速吸引了大量粉丝的关注。"奶龙"的抖音账号主页和短视频截图如图2-1所示。

图2-1　"奶龙"的抖音账号主页和短视频截图

如同诗人需要灵感一样，短视频也需要创意，在某一特定环境下，人们以知识、经验、判断为基点，通过亲身的感受和直观的体验而闪现出的智慧之光，可以很全面地揭示事物或问题的本质，让人有一种假设性的觉察和敏感，这就是通常所说的灵感。灵感实际上是因思想集中、情绪高涨而突然表现出来的一种创造能力，即创意。

TIPS 小贴士

创意并不像有些人说的那么神秘，是有一定规律可循的，也有其理论原理，并且有许许多多的方法。这些方法并不神秘，它们是人类智慧的结晶，其精巧奇妙令人感叹。创意方法不仅需要从书本上学习，更需要从实践中积累和领悟。

2.2.2 创意产生的基础

从表面上看，创意似乎总是在违背一定的规律。但是从根源上说，创意一定是符合某种规律的，它是在原规律的基础上融合非规律的一种创新理念，并能够满足一定的审美需求。

　　创意产生的基础是智慧的积累，与人脑能量的储备和个体用脑素质有关。人脑能量的储备主要是对各种材料的积累，包括专业技术、文学艺术、社会实践及其他各种新知识等。个体用脑素质其实就是智商，即灵活用脑的程度，与知识与实践的积累、开发型的思维密不可分，墨守成规的人是很难有什么创意的。

2.2.3　创意的要素

　　创意是一种灵感，创作是一种创造过程，短视频内容的生成是创意与创作互动合作的结果。创意在前，创作继之，两者有部分重合。
　　创意一般包含以下4个要素。
　　（1）创意形成的前提：动机、目的。
　　（2）创意形成的基础：知识积累。
　　（3）创意方法的过程：选择不同的表现方法并不断变化。
　　（4）创意实现的关键：联想、假设。

2.3　短视频脚本策划

　　脚本相当于短视频的主线，用于表现故事脉络的整体方向。短视频团队若想创作出别具一格的短视频作品，则不容忽视对脚本的策划。本节将向读者介绍短视频脚本策划的相关内容。

2.3.1　脚本构成要素

　　短视频脚本主要包含8个构成要素，即框架、主题、人物、场景、故事线索、影调、音乐和镜头。表2-1为短视频脚本构成要素简介。

表2-1　短视频脚本构成要素简介

构成要素	简介
框架	短视频的总框架，如拍摄主题、故事线索、人物关系、场景选址等
主题	短视频想要表达的中心思想和主题
人物	短视频中需要设置的人物，每个人物分别需要表达哪方面的内容
场景	短视频拍摄地点，是在室内还是在室外
故事线索	剧情如何发展，利用怎样的叙述方式来调动观众的情绪
影调	根据短视频的主题情绪，配合相应的影调，如悲剧、喜剧、怀念、搞笑等
音乐	根据短视频的主题来选择恰当的音乐，渲染氛围
镜头	使用什么样的镜头进行短视频内容的拍摄

2.3.2　脚本的3种形式

1. 拍摄提纲

　　拍摄提纲就是为短视频拍摄搭建的基本框架，是将拍摄的内容罗列出来。选择拍摄提纲这种脚本形式，大多是因为拍摄内容存在不确定的因素。拍摄提纲比较适合纪录类和故事类短视频的拍摄。

2．文学脚本

文学脚本在拍摄提纲的基础上增添了一些细节内容，更加丰富、完善。它将短视频拍摄过程中的可控因素罗列出来，而将不可控因素放到现场拍摄中调整，所以它使短视频在视觉效果和制作效率上都有提升。文学脚本适合一些不存在剧情、直接展现画面和表演内容的短视频的拍摄。

3．分镜头脚本

分镜头脚本最细致，可以将短视频中的每个画面都体现出来，并将对镜头的要求逐一列出来。分镜头脚本创作起来最耗费时间和精力，也最为复杂。

分镜头脚本对创作要求很高，适合类似微电影的短视频拍摄。因为这种类型的短视频故事性强，对更新周期没有严格限制，所以创作者有大量的时间和精力去策划，而使用分镜头脚本既能满足严格的拍摄要求，又能够提高拍摄画面的质量。

分镜头脚本必须充分体现短视频故事所要表达的内容，还要简单易懂，因为它是一个在拍摄与后期制作过程中起着指导性作用的总纲领。此外，分镜头脚本还必须清楚地表明对话和音效，这样才能让后期制作人员完美地表达原剧本的主旨。

2.3.3　大纲的创作

短视频大纲属于短视频策划中的工作文案。创作者在撰写短视频大纲时需要注意两点：一是大纲要呈现出主题、故事情节、题材等短视频要素；二是大纲要清晰地展现出短视频所要传达的信息。

主题是短视频大纲中必须包含的基本要素。主题是短视频要表达的中心思想，即"想要向观众传递什么信息"。每个短视频都有主题，而素材是主题的支柱。只有具备了素材，主题才能够被撑起来，短视频才能更具有说服力。

故事情节包括故事和情节两个部分。故事要通过叙事的各要素进行描述，如时间、地点、人物、起因、经过、结果；情节用来描述短视频中人物所经历的事。故事情节是短视频拍摄的主要部分，素材收集也要为该部分服务，道具、人物造型、背景、风格、音乐等都需要视故事情节而定。

短视频大纲还包括对短视频题材的阐述，不同题材的短视频具有不同的创作方法和表现形式。例如，对科技数码类短视频来说，科技数码类产品本身具有复杂性，且更新速度较快，虽然这能够给创作者带来源源不断的各种素材，也有助于创作者保持用户黏性，但创作者在拍摄这类短视频时，一定要注意严格把控素材的时效性。这就需要创作者第一时间获得素材，快速对其进行处理并制作出短视频，然后对短视频进行传播。

2.4　不同类型短视频的策划

短视频内容越来越多，类型也越来越多，如何寻找好的选题成为短视频创作者首先要关心的问题。目前短视频的选题层出不穷，如时尚类、美食类、猎奇类、旅行类等，本节将通过实例向读者介绍一些不同类型短视频的选题策划要点。

2.4.1　幽默喜剧类

幽默喜剧类短视频的受众比较广，其娱乐搞笑的内容能够引起大多数用户的兴趣。幽默喜剧类短视频中有一个很火的门类——吐槽类。

吐槽类短视频通常针对当前热点问题进行评论，其语言犀利、幽默，对很多问题的看法一针见血，深受广大用户喜欢。但是创作者要注意，虽然在吐槽，也要坚持传播正能量。图2-2所示为吐槽类短视频截图。

在吐槽类短视频中，吐槽的点要狠、准、深。所谓"狠"，就是要进行言语比较犀利的评论。不过创作者要注意控制好吐槽的尺度，一方面不能太客气，以免吐槽不疼不痒、没有效果；另一方面要保持幽默感。 所谓"准"，就是要抓准被吐槽的人或事的根本特点，避免对一些无关痛痒的内容进行吐槽。所谓"深"，是指吐槽不仅要为用户带去欢乐，还要揭示较为深刻的道理。这样的吐槽类短视频才能传播得更广。图2-3所示为吐槽类短视频截图。

图2-2　吐槽类短视频截图1

图2-3　吐槽类短视频截图2

2.4.2　生活技巧类

生活技巧类短视频同样有着不少的受众，短短几分钟就能学会一个可以改善生活的小窍门是广大用户所乐见的。生活技巧类短视频的基本诉求是"实用"，创作者在策划这类短视频时要注意以下4点。

1. 通俗易懂

这类短视频具有一个特点，即将困难的事变简单，短视频内容一定要通俗易懂，具体体现在话语通俗和步骤详细上，甚至在一些关键的地方要放慢节奏。例如一些软件公司制作这类短视频的目的是教新用户使用软件。

2. 实用性强

生活技巧类短视频的内容要贴近生活，并且能为用户带来生活上的便利。如果用户观看完短视频之后，没有获得实质性的帮助，那么这样的生活技巧类短视频无疑是失败的。所以创作者在制作短视频前，一定要收集、整理、分析数据，观察目标用户在生活上有怎样的困难，然后针对性地制作短视频帮助用户解决问题。图2-4所示为生活技巧类短视频截图。

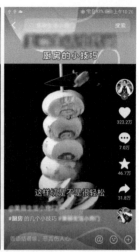

图2-4 生活技巧类短视频截图

3. 讲解方式有趣

一般来说，生活技巧类短视频比较枯燥。为了能更好地引起用户的兴趣，在讲解方式上，创作者可以采用夸张的手法，表现操作失误所带来的后果。

4. 标题新颖、具体

短视频标题的选取十分重要，一个好的标题往往能快速引起用户的注意，从而使用户产生观看短视频的欲望。因此，生活技巧类短视频的标题一定要新颖、具体，例如"戒指卡住手指怎么办？一招轻松取下"就优于"戒指卡住手指取下的方法"，"活了20多年才知道手机插头还有这样的妙用，看完我也试一试"就比"手机插头还能这样用"吸引人，"胶带头难找？那是因为你没学会这3招"就比"如何快速找胶带头"新颖、具体很多。图2-5所示为新颖、具体的生活技巧类短视频标题示例。

图2-5 新颖、具体的生活技巧类短视频标题示例

2.4.3 美食类

美食类短视频在我国广受欢迎，并且创作者能够在长时间内持续产出优质内容，这与我们有几千年饮食文化的积淀脱不开关系。

一般来说，美食类短视频分为以下4类。

1. 美食教程类

美食教程类短视频的内容简单来说就是教用户一些做饭的技巧。"日日煮"创作了许多典型的美食教程类短视频，用户通过短短几分钟的时间就可以了解一道美食的制作方法。"日日煮"的短视频十分精致，每一个镜头、每一段文字及音乐都恰到好处，很容易勾起用户的食欲，同时，其每期节目的菜品都会根据用户的反馈、时令及实时热点来确定。图2-6所示为"日日煮"的短视频截图。

2. 美食品尝类

与美食教程类短视频不同，美食品尝类短视频的内容更简单、直接，用户对美食的评价主要来自视频中人物的表情动作，以及人物对美食味道的感受。美食品尝类短视频通常有以下两种类型：一是美食品尝、测评，这类短视频像是美食指南，帮助观众发现、甄别、选择美食；二是"吃秀"，这类短视频通过比较直接、夸张的吃饭表演，给用户打造出一种模拟的真实感。图2-7所示为美食品尝类短视频截图。

图2-6　"日日煮"的短视频截图

图2-7　美食品尝类短视频截图

3. 美食传递类

现代人生活节奏快，每天都要面对来自各方面的压力，因而通过在某种情境中制作美食来传达某种生活状态，成了美食类短视频的一个爆点。在"日食记"的短视频中，经过精心策划的温和娴熟的制作手法，以及温馨浪漫的室内环境，其中的美食不再单单是道菜品，更体现了忙碌的现代人追求的一种生活状态。图2-8所示为"日食记"的短视频截图。

图2-8　"日食记"的短视频截图

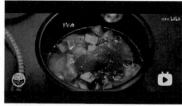

图2-8　"日食记"的短视频截图（续）

4. 娱乐美食类

短视频对大众来说主要是忙碌之余的消遣品，所以搞笑、娱乐类的内容很容易吸引用户，娱乐美食类短视频也不例外，很多创作者都将美食类的内容以搞笑的方式进行呈现。"搞笑+美食"增加了短视频内容的娱乐性、趣味性，这类短视频也很容易获得用户的喜爱，而且用户群也相对更广泛。图2-9所示为"穿毛裤的小拉泽"的短视频截图。

图2-9　"穿毛裤的小拉泽"的短视频截图

2.4.4　时尚美妆类

时尚美妆类短视频即时尚类短视频和美妆类短视频统称，该类短视频一直在女性用户中火爆，也受到部分男性用户的青睐。用户观看该类短视频大多是为了从中学习一些技巧来让自己变美，因此创作者在策划这类短视频时，不仅要注意技巧的实用性，还要紧跟时尚潮流。

每个人对时尚的理解不同，而且时尚领域很复杂，因此创作者在制作时尚类短视频之前，一定要进行大量的前期调研。例如在制作当季流行服饰类短视频之前，创作者要对服饰的流行元素和常见的品牌有一定的了解；而个人穿搭类短视频的制作要求就简单很多，创作者只要将自己的穿搭经验分享给用户即可。图2-10所示为时尚类短视频截图。

图2-10　时尚类短视频截图

美妆类短视频也深受广大用户的青睐。一般来说，美妆类短视频可以分为3种：技巧类、测评类和仿妆类。技巧类美妆短视频最受化妆初学者或想要提高化妆技巧的用户欢迎。这类短视频在内容制作上要着重展示每一步化妆技巧，以便用户能轻松学习。测评类美妆短视频往往先对同类美妆产品进行试用和测评，然后给予对该类美妆产品了解较少或者在选品上犹豫不决的用户一些建议。仿妆类美妆短视频往往是创作者具备了一定的化妆技巧后，仿照其他人的妆容进行化妆分享。图2-11所示为美妆类短视频截图。

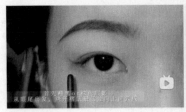

图2-11　美妆类短视频截图

2.4.5　科技数码类

　　虽然科技数码类短视频的女性用户相对较少，但其男性用户相对较多，仍不失为一个优质选题。首先，科技数码产品更新迭代快，这能为短视频创作带来源源不断的素材。其次，随着智能手机等设备的普及，人们对科技数码产品的兴趣逐渐增加，这意味着科技数码类短视频有比较好的市场，而且能持续吸引目标用户群体。

　　在策划科技数码类短视频时，创作者首先要得到第一手信息，然后对其进行处理、加工，并传递给用户。不仅如此，在内容策划上，创作者还要给用户一个可以参考、比较的东西。例如在介绍新发布的手机时，如果仅介绍手机的整体外观、性能、工艺等如何优秀，就很难让用户有一个明确的概念，而如果把该款手机和其他同类产品做比较，那么用户对该款手机的认识就会深刻很多。图2-12所示为科技数码类短视频截图。

图2-12　科技数码类短视频截图

2.5　用户心理需求

　　只有满足用户的心理需求的短视频，才能称得上是好的短视频。因此，在短视频的创意创作过程中，创作者要注意用户的心理需求。用户的心理需求主要有以下几种。

2.5.1　好奇心理

　　好奇心理驱使我们不断引发全新的思考，不断打破思想的界限，不断深入未知的探索。心理学家和教育家要对人的差异有足够的好奇心，文学家要对人内心隐秘的情感有足够的好奇心，经济学家要对消费现象有足够的好奇心，因为足够的敏感、好奇和追根究底恰恰是科学和艺术发展的关键性动力。

　　好奇心理本质上是一种精神需求，好奇心理能够满足人们的求知需求。网络短视频内容的创作更离不开强烈的好奇心，短视频内容独特的创意和与其他短视频的差异性来吸引浏览者的好奇与关注，使浏览者在精神上获得满足。

"混知"所发布的短视频总是关注一些特别奇怪的问题和冷知识，同时配合夸张的卡通漫画表现风格，让人觉得既好笑又特别想了解这些知识，从而快速抓住用户的好奇心理。"混知"的抖音账号主页及发布的短视频截图如图2-13所示。

图2-13　"混知"的抖音账号主页及发布的短视频截图

2.5.2　求知心理

求知是人的一种内在的精神需要。人在生活、学习和工作中遇到新的问题或者接受了新的任务后，有时会感到自己缺乏处理这些事情的相关知识，就会产生探究新知识或扩充、加深已有知识的认识倾向。这种情境多次反复，认识倾向就逐渐转化为个体内在的强烈的认知欲求，这就是求知欲。

求知欲强的人会积极地追求知识、热情地探索知识，以满足其精神上的需要。可见，求知欲虽与好奇心同属对事物的探究倾向，但两者不尽相同。一般的好奇心表现为人追求认识事物的短暂的探索行为，而求知欲则是一种比较稳定的认知欲求、认知需求，表现为人坚持不懈地探求知识的活动。短视频内容创作者可以利用受众的求知心理，不断创作某一领域相关知识内容的短视频，从而获得更多的受众关注。

例如，在短视频平台中有许多关于职场生存发展的短视频，其截图如图2-14所示，这些短视频之所以火热，就在于其满足了人们对职场规则的求知心理。

图2-14　有关职场生存发展的短视频截图

2.5.3 趋同心理

趋同心理是指追随大众的想法及行为的心理状态，也称为群居本能。

理性地利用和引导用户的趋同心理，可以创建区域品牌并形成规模效应，从而获得利大于弊的效果。当然，对于个人来说，跟在别人身后亦步亦趋难免会被淘汰，要有自己的创意才能脱颖而出。不管是加入一个组织还是自主创业，保持创新意识和独立思考的能力，都是至关重要的。

2.5.4 逆反心理

逆反心理是指客观环境要求与主体需要不相符合时，主体所产生的一种强烈的反抗心态。逆反心理主要有以下两种表现。

一种表现是一般社会成员反抗权威、反抗现实的心理倾向，如"唯上是反""唯制度是反""唯先进是反"等。作为一种社会心理现象，它具有鲜明的针对性、反抗性、偏激性、自发性、盲从性等特点。另一种表现是青少年在成长过程中为求自我独立对父母或师长表现出来的反抗心态。消除青少年逆反心理的关键在于教育者的正确对待和科学的教育机制。在短视频的创作过程中，创作者要针对逆反心理的这两种不同表现进行不同的创作，才能有更好的效果。

2.6 本章小结

短视频可表达创作者的内心愿望和诉求，表达创作者的理念与观点，体现创作者对社会问题的思考。本章主要介绍了短视频内容创意与策划的相关内容，通过对本章内容的学习，读者能够掌握短视频内容策划的方法，并将其应用到短视频创作过程中。

拍摄基础

　　短视频拍摄既涉及技术又涉及艺术。创作者要进行画面形象的造型，就必须掌握一定的艺术造型手段，掌握画面的构图方法。创作者通过合理的构图，可以实现画面内容与表现形式的统一，以完美的画面形象结构与最佳的画面效果来表现短视频的主题。

　　本章将讲解短视频拍摄的相关知识，包括短视频拍摄所需设备、短视频拍摄的基本要求、运镜方式、短视频画面景别、短视频画面的结构元素、短视频画面的形式要素、短视频画面的构图方法和构图形式等，以期读者能够理解并掌握短视频的拍摄方法和技巧。

3.1 短视频拍摄相关设备选择

拍摄视频需要一定的专业技巧，尤其是拍摄几十秒的短视频，每个镜头都需要创作者反复思考，有些视频还需要特殊的拍摄设备。所以创作者选好设备，对拍摄短视频具有直接的影响。

3.1.1 拍摄设备

目前常用的短视频拍摄设备有手机、单反相机、家用DV摄像机、专业级摄像机等。

1. 手机

手机的最大特点就是方便携带，创作者可以随时随地进行拍摄，遇到精彩的瞬间就可以立刻拍摄下来保存。虽然手机的拍摄功能已经非常强大，但是相比于专业的拍摄设备，手机的拍摄质量仍然略显不足。由于手机不是专业的拍摄设备，所以其拍摄像素低，拍摄质量不高。如果光线不好，拍出来的画面中容易出现噪点。而且用手机拍摄会出现因手抖造成视频画面剧烈晃动的情况，后期播放短视频时会出现"卡顿"。针对使用手机拍摄短视频过程中的种种问题，我们可以用一些"神器"来解决。

（1）手持云台

用手机进行拍摄时，可配备专业的手持云台，以避免因为手抖动造成的视频画面晃动等问题。手持云台适用于一些对拍摄质量要求较高的短视频的创作者。图3-1所示为手持云台。

（2）自拍杆

作为一款风靡世界的自拍"神器"，自拍杆能够帮助人们通过遥控器实现多角度拍摄，是拍摄短视频过程中的主力设备。该设备适用于一些常常外出拍摄的短视频创作者。图3-2所示为自拍杆。

图3-1　手持云台　　　　　　　　　　图3-2　自拍杆

（3）手机支架

手机支架可以解放拍摄者的双手，将它固定在桌子上且能防摔、防滑。手机支架适用于拍摄时双手需要做其他事情的短视频创作者。图3-3所示为手机支架。

（4）手机外置摄像镜头

手机外置摄像镜头可以使拍摄出来的画面更加清晰，适合想拍好短视频和享受拍摄乐趣的任何人。图3-4所示为手机外置摄像镜头。

图3-3　手机支架　　　　图3-4　手机外置摄像镜头

2. 单反相机

单反相机是一种中高端拍摄设备，用它拍摄出来的视频画质比用手机拍摄的好很多。如果操作得当，有的时候用它拍摄出来的效果比用摄像机拍摄的还要好。图3-5所示为单反相机。

单反相机的主要优点在于能够通过镜头更加精确地取景，拍摄出来的画面与实际看到的景象几乎是一致的。单反相机具有卓越的手动调节能力，可以调整光圈、曝光度及快门速度等，能够取得比普通相机更加独特的拍摄效果。它的镜头也可以随意更换，从广角镜头到超长焦镜头，只要卡口匹配完全可以随意使用。

但是单反相机的价格比较高，并且它的体积较普通相机来说更大，便携性比较差。单反相机的整体操作性也不强，初学者可能很难掌握拍摄技巧。单反相机没有电动变焦功能，使拍摄过程中会出现变焦不流畅的问题。部分单反相机连续拍摄功能的使用时间有限制，这样会因拍摄时间过短而使画面出现录制不全等问题。

3. 家用DV摄像机

家用DV摄像机小巧、方便，适用于家庭旅游或者活动的拍摄，用它拍摄的视频的清晰度和稳定性都很高。家用DV摄像机方便创作者记录生活，尤其是它的操作步骤十分简单，可以满足很多非专业人士的拍摄需求；并且其内部存储功能强大，可以进行长时间录制。图3-6所示为家用DV摄像机。

图3-5　单反相机

图3-6　家用DV摄像机

4. 专业级摄像机

专业级摄像机常用于新闻采访或者会议活动的拍摄，它的电池电量大，因此它可以长时间使用，并且散热能力强。图3-7所示为专业级摄像机。

专业级摄像机具有独立的光圈、快门速度及白平衡等设置，用起来很方便，但是用它拍摄出来的视频画质没有用单反相机拍摄的视频画质好。专业级摄像机体形巨大，摄影师很难长时间手持或者肩扛，并且它价格较高。

图3-7　专业级摄像机

TIPS 小贴士

无论使用哪种短视频拍摄设备，最终目的都是为了完成短视频的拍摄，具体选择哪种拍摄设备主要取决于创作者的需求和预算，创作者要根据具体情况而定。

3.1.2 稳定设备

进行短视频拍摄时，创作者不可能一直手持拍摄设备，须借助独脚架、三脚架、云台或者稳定器。如果拍摄要求不高，大部分摄影用的独脚架和三脚架都可以胜任稳定设备的工作；如果拍摄要求较高，则需要使用云台。云台可通过油压或者液压实现均匀的阻尼变化，从而实现镜头"摇"的动作。图3-8所示为独脚架、三脚架和云台。

图3-8 独脚架、三脚架和云台

目前稳定器的种类非常多，常见的包括手机稳定器、微单稳定器和单反稳定器（大承重稳定器）。

创作者在选择稳定器时，需要考虑两个因素：一是稳定器和使用的相机能否进行机身电子跟焦，如果不能，则需要考虑购买跟焦器；二是使用稳定器时是否已调平，虽然有些稳定器可以模糊调平，但是严格调平后使用起来更高效。

TIPS 小贴士

选择稳定器时，还需要考虑稳定器的承载能力。如果使用的是小型微单相机，选择微单稳定器就可以了；但是如果使用的拍摄设备较重，或者拍摄设备的镜头比较大，则建议选择大型的单反稳定器。

3.1.3 收声设备

收声设备是最容易被忽略的设备。由于短视频拍摄获取的是图像和声音，因此收声设备也非常重要。

拍摄短视频时依靠机内话筒收声是远远不够的，因此我们需要外置话筒。常见的外置话筒有无线话筒（又称"小蜜蜂"）和指向性话筒（也就是常见的机顶麦）。

外置话筒的种类非常多，不同话筒适用于不同的拍摄场景。无线话筒一般适合现场采访、在线授课、视频直播等场景，图3-9所示为无线话筒。指向性话筒适合一些嘈杂环境的收声，例如微电影录制、多人采访等，图3-10所示为指向性话筒。

图3-9 无线话筒   图3-10 指向性话筒

通常，如果相机具备耳机接口，应尽可能使用监听耳机进行监听，以保证正确收声。另外，室外拍摄时，降低风噪是收声最大的挑战，所以一定要用防风罩降低风噪。

3.1.4 灯光设备

灯光设备对短视频拍摄同样非常重要，因为短视频拍摄很多是以人物为主体的，所以很多时候需要用到灯光设备。灯光设备并不是日常短视频拍摄的必备器材，但是如果想要获得更好的视频画面，灯光设备是必不可少的。

合适的灯光设备对提升视频画面来说非常重要。不过，日常的短视频拍摄并不需要特别专业的大型灯光设备，一些小型的LED补光灯（主要用于录像、直播）或射灯（主要用于拍摄静物）足够用日常使用。图3-11所示为小型的LED补光灯和射灯。

图3-11 小型的LED补光灯和射灯

3.1.5 其他辅助设备

为了更好地实现拍摄短视频，一般还需要一些辅助设备，如反光板、幕布等。

1. 反光板

反光板在景外起辅助照明作用，不同的反光表面，可产生软硬不同的光线。对于光线直接照射的画面，如果想要获得更好的曝光效果，拍摄者可以尝试使用反光板。直径为80cm的反光板足以满足大多数拍摄需求。

2. 幕布

对于很多真人出镜的短视频，背景过于混乱会直接影响观众的观看体验，这时候可以尝试使用幕布作为背景。固定幕布时最好使用无痕钉，使背景表现得更加平整。

3.2 短视频拍摄的基本要求

为了确保获得优质的画面，拍摄短视频时须满足以下5个基本要求。

1. 画面要平

若无特殊效果需求，画面中的地平线要保持水平，这是拍摄正常画面的基本要求。如果地平线不平，画面表现的对象就会出现倾斜，使观众产生某种错觉，严重时还会影响观众的观看体验。

保证画面水平的方法：使用具有水平仪的三脚架进行拍摄时，可以调整三脚架三只脚的位置或云台的位置，使水平仪内的水银泡正好处于中心位置，此时画面水平；如果拍摄方向发生了改变，以与地面垂直的物体为参照，如建筑物的垂直线条、树木、门框等，使其垂直线与画框纵边平行，就能够保证画面水平。

2. 画面要稳

如果镜头晃动或画面不稳，观众会产生一种不安的心理，而且容易视觉疲劳。因此，拍摄时要尽量保持镜头稳定，消除不必要的晃动。

保证画面稳定的方法：尽可能使用三脚架拍摄固定镜头；边走边拍时，双膝应该略微弯曲，双脚相对于地面平行移动；手持拍摄时，使用广角镜头可以提高画面的稳定性；推拉镜头与横移镜头最好使用轨道车、摇臂拍摄。

3. 摄速要匀

镜头要保持匀速运动，切忌时快时慢、断断续续，要保证节奏的连续性。

保证镜头匀速运动的方法：使用三脚架摇拍镜头时，首先要调整好三脚架上的云台阻尼，使其大小适中，使摄像机转动灵活，然后匀速操作三脚架手柄，使摄像机均匀地摇动；进行变焦操作时，采用自动变焦会比手动变焦更容易做到匀速拍摄；推拉镜头与移动镜头时，要控制移动工具匀速运动。

4. 摄像要准

创作者要想通过一定的画面构图准确地向观众表达出想要阐述的内容，就要把拍摄对象、范围、起幅落幅、镜头运动、景深运用、色彩呈现、焦点变化等表现准确。例如，运动镜头中的起幅落幅要准确。这是指镜头运动开始时静止的画面点及结束时静止的画面点要准确到位，时间够长。起幅和落幅画面一般都要达到5秒以上，这样才方便后期进行镜头组接。又如，对于有前后景的画面，有时要求把焦点对准在前景物体上，有时又要求把焦点对准在后景物体上，创作者可以利用"变焦点"来调动观众的视点变化。再如，通过调整白平衡使画面色彩准确还原。

保证画面准确的方法：领会编导的创作意图，明确拍摄内容和拍摄对象；勤加练习，掌握拍摄技巧。

5. 画面要清

画面要清，是指所拍摄的画面要清晰，最主要的是保证被摄主体清晰。模糊不清的画面会影响观众的观看感受。

保证画面清晰的方法：拍摄前注意保持摄像机镜头的清洁，拍摄时要保证聚焦准确。为了获得聚焦准确的画面，创作者可以采用长焦聚焦法，即无论被摄主体远近，都先把镜头推到焦距最长的位置，然后调整变焦环使被摄主体变清晰再拍摄。因为焦距最长时景深小，调出的焦点准确。

当被摄物体沿画面纵深运动时，为了保证物体始终清晰，有3种方法：一是随着被摄物体的运动相应地不断调整镜头进行聚焦；二是按照加大景深的办法做一些调整，如加大物距、缩短焦距、减小光圈；三是通过跟拍始终保持摄像机和被摄物体之间的距离不变。

3.3 运镜方式

在正式进行短视频拍摄之前，我们需要理解短视频拍摄的专业运镜知识，这有助于我们在短视频拍摄过程中更好地表现视频主题，展现出丰富的视频画面效果。

3.3.1 拍摄角度

选择不同的拍摄角度就是为了将被摄对象最有特色、最美好的一面呈现出来。采用不同的拍摄角度会得到截然不同的视觉效果。

1. 平拍

平视是最接近人眼视觉习惯的视角，也是短视频拍摄中用得最多的拍摄角度。平拍就是拍摄设备的镜头与被摄主体都在同一水平线上，由于最接近人眼的视觉习惯，所以拍摄出的画面会给人身临其境的感觉，还会给人平静、平稳的视觉感受。平拍人物或者建筑物不容易产生变形，适合表现近景和特写。图3-12所示为平拍的画面效果。

图3-12 平拍的画面效果

平拍有利于突出前景，但主体、陪体、背景容易重叠在一起，不利于表现空间层次。因此在平拍时，我们要通过控制景深、合理构图来避免主体、陪体、背景重叠在一起。

2. 仰拍

仰拍一般情况下是拍摄设备处于低于被摄主体的位置，与地平线形成一定的仰角。采用这样的拍摄角度能很好地表现景物的高大，如用来拍摄大树、高山、大楼等景物。仰拍时，画面会形成上窄下宽的透视效果，被摄主体就会给人以高大挺拔的感觉。图3-13所示为仰拍的画面效果。

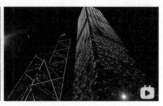

图3-13 仰拍的画面效果

仰拍时，如果我们选用广角镜头拍摄，可以产生相比于使用普通镜头更加夸张的透视效果。镜头离被摄主体越近，这种透视效果会越明显，由此带给观众较强的视觉冲击。另外，仰拍能很好地简化背景。因为仰拍时镜头朝上，面对天空，所以可以很方便地简化被摄主体周围杂乱的背景，从而突出被摄主体。

3. 俯拍

俯拍是指拍摄设备以高于人的正常视觉高度的位置向下拍摄，与地平线形成一定的俯角。俯拍时，随着拍摄高度的增加，俯角（俯视范围）会不断变大，被摄物体的透视感不断增强，最终，理论上被摄物体会因高度被压缩至零而呈现平面化的效果。图3-14所示为俯拍的画面效果。

在俯拍外景时，拍摄高度和景别可以任意配合，表现人与人、人与空间之间的关系。在大空间中采用俯拍会让观众体会到孤立无援的感觉，例如一个人在沙漠上行走。一般情况下俯拍很少采用90°角，但在一些特殊的场景中，此手法能给观众带来更为强烈的视觉冲击力，例如体现空间的狭小。

图3-14 俯拍的画面效果

4. 倾斜角度拍摄

选择倾斜角度进行拍摄，能够让画面看起来更加活泼、更具有戏剧性。在采用倾斜角度进行拍摄时，画面中最好不要有水平线，如地平线、电线杆等，这些线条会让画面产生严重的失衡感，使观众不舒服。图3-15所示为采用倾斜角度拍摄的画面效果。

图3-15　采用倾斜角度拍摄的画面效果

5. 鸟瞰角度拍摄

鸟瞰镜头采用在天空中飞翔的鸟类的视角进行拍摄。鸟瞰镜头往往用来表现壮观的城市全貌、绵延万里的山川河流、万马奔腾的战场、一望无际的辽阔海面等。鸟瞰镜头使观众对画面中的事物产生极具宏观意义的情感。图3-16所示为采用鸟瞰角度拍摄的画面效果。

图3-16　采用鸟瞰角度拍摄的画面效果

3.3.2　固定镜头拍摄

固定镜头拍摄是指在摄像机位置不动、镜头光轴方向不变、镜头焦距不变的情况下进行的拍摄。固定镜头拍摄这种"三不变"的特点，决定了镜头画框处于静止状态。需要注意的是，虽然画框不变，但画面表现的内容对象可以是静态的，也可以是动态的。固定镜头拍摄的画面给观众以稳定的视觉效果，保证了观众在视觉生理和心理上得以顺利接受画面传达的信息。图3-17所示为资讯类短视频截图，这样的短视频通常采用固定镜头拍摄。

图3-17　资讯类短视频截图

固定镜头是短视频作品中最基本、应用广泛的镜头形式。拍摄者只有掌握了固定镜头拍摄的技能，才有可能更好地运用运动镜头拍摄。下面向大家介绍3个固定镜头拍摄的小技巧。

1. 镜头要稳

固定镜头画框的静态性要求镜头要稳定，否则会影响画面的质量。拍摄者应该尽可能使用三脚架或其他固定摄像机机身的方式进行拍摄。

2. 静中有动

由于固定镜头画框不动，构图保持相对的静止形式，容易产生画面呆板的感觉，因此要特别注意捕捉或调动画面中的活动元素，做到静中有动、动静相宜，让固定镜头的画面也充满生机和活力。

3. 构图合理

固定镜头拍摄非常接近于绘画和摄影，因而构图十分重要。在拍摄时，拍摄者要正确选择拍摄的方向、角度、距离，注意前后景的合理安排及光线与色彩的合理运用，实现画面的形式美，增强画面的艺术性和可视性。

3.3.3　运动镜头拍摄

运动镜头拍摄主要包括推镜头、拉镜头、摇镜头、移镜头、跟镜头、升降镜头、甩镜头和综合镜头等形式。

1. 推镜头

推镜头是指移动摄像机或使用可变焦距的镜头由远及近地向被摄主体不断接近的拍摄方式。

推镜头有两种方式：一种是机位推，另一种是变焦推。机位推即摄像机的焦距不变，摄像机自身进行物理运动，越来越靠近被摄主体。机位推往往用于表现纵深空间。变焦推即在机位不变的情况下，镜头做光学运动，即变焦环由广角转换到长焦，将画面中的被摄主体放大。变焦推常用于表现静态人物的心理变化。当然也可以综合运用两种方式，机位推进同时变焦推进。图3-18所示为推镜头在短视频拍摄中的应用。

图3-18　推镜头在短视频拍摄中的应用

2. 拉镜头

拉镜头和推镜头正好相反，拉镜头是摄像机不断远离被摄主体或变动焦距（由长焦到广角）使画面由近及远地离开被摄主体的拍摄方式。

拉镜头也有两种方式：一种是机位拉，另一种是变焦拉。机位拉即摄像机的焦距不变，摄像机自身进行物理运动，越来越远离被摄主体。机位拉适合展现开阔的视野场景。变焦拉即在机位不变的情况下，镜头做光学运动，即变焦环由长焦转换到广角，将画面中的被摄主体缩小。变焦拉比较适合表现较小空间关系中人物拍摄、景别处理的变化。

3. 摇镜头

摇镜头是指摄像机的位置不变而改变镜头拍摄的轴线方向的拍摄方式，类似于人站定不动，只转动头部环顾四周观察事物。摇镜头可以左右摇、上下摇、斜摇或者旋转摇。图3-19所示为摇镜头在短视频拍摄中的应用。

图3-19　摇镜头在短视频拍摄中的应用

4. 移镜头

移镜头是指摄像机的位置发生变化，边移动边拍摄的拍摄方式。移镜头包括横移（摄像机运动方向与被摄主体运动方向平行）、纵深移（摄像机在被摄主体运动轴线上同步运动）、曲线移（随着被摄主体的复杂运动而做曲线移动）等多种方式。图3-20所示为移镜头在短视频拍摄中的应用。

图3-20　移镜头在短视频拍摄中的应用

5. 跟镜头

跟镜头是指摄像机始终跟随运动的被摄主体一起运动而进行拍摄的拍摄方式。跟镜头的运动方式可以是"摇跟"，也可以是"移跟"。跟镜头使运动的被摄主体始终出现在画面中，而周围环境可能发生相应的变换，背景也会产生相应的流动感。图3-21所示为跟镜头在短视频拍摄中的应用。

图3-21　跟镜头在短视频拍摄中的应用

6. 升降镜头

升降镜头是指摄像机借助升降设备做上下位移而进行拍摄的拍摄方式。升降镜头可以多视点表现空间场景，包括垂直升降、弧形升降、斜向升降和不规则升降4种类型。图3-22所示为升降镜头在短视频拍摄中的应用。

图3-22　升降镜头在短视频拍摄中的应用

7. 甩镜头

甩镜头是指通过快速地摇摄像机镜头进行拍摄的拍摄方式，它是摇镜头的一种特殊形式。甩镜头通常是前一个画面结束后不停机，镜头快速摇向另一个画面，画面会因此变得模糊不清，从而迅速改变视点。甩镜头的效果类似于我们观察事物时突然转头看向另一事物。甩镜头可用于强调空间的转换和同一时间在不同场景中所发生的并列情景。图3-23所示为甩镜头在短视频拍摄中的应用。

图3-23　甩镜头在短视频拍摄中的应用

8. 综合镜头

综合镜头是指在一个镜头内将推、拉、摇、移、跟、升降、甩等形式有机地结合起来使用的拍摄方式。

综合镜头大致可以分为3种形式：第一种是"先后"式，即按运动镜头的先后顺序进行拍摄，如推摇镜头就是先推后摇；第二种是"包含"式，即多种运动镜头拍摄方式同时进行，如边推边摇、边移边拉；第三种是"综合"式，即一个镜头内同时使用前两种综合镜头拍摄形式。

短视频画面景别

景别是指拍摄设备与被摄物体的距离不同，造成被摄物体在视频画面中所呈现出的范围大小的区别。景别一般分为以下8类。图3-24所示为部分景别的示意图。

图3-24　不同景别的示意图

1. 远景

远景一般用来表现远离拍摄设备的环境全貌，展示人物及其周围广阔的空间环境。它相当于从较远的距离观看景物和人物，能包容广大的空间，视野宽广，人物较小，背景占主要地位。远景画面给人以整体感，但细节部分不是很清晰。图3-25所示为视频中的远景画面效果。

2. 大全景

大全景是指包含整个被摄主体及其周边环境的画面，通常用来作为视频作品的环境介绍。

3. 全景

全景用来表现场景的全貌与人物的全身动作，在视频中用于表现人物之间、人物与环境之间的关系。全景画面中包含整个人物形貌，既不像远景那样不能很好地展示细节，又不像中近景那样不能展示人物全身的形态、动作。在叙事、抒情和阐述人物与环境的关系上，全景起到了独特的作用。图3-26所示为视频中的全景画面效果。

图3-25　视频中的远景画面效果　　　图3-26　视频中的全景画面效果

4. 中景

画面下边卡在膝盖部位或画面定位于场景局部的景别称为中景。中景是叙事功能最强的一种景别。在包含对话、动作和情绪交流的场景中，中景可以更好地表现人物之间、人物与周围环境之间的关系。中景的特点决定了它可以更好地表现人物的身份、动作及动作的目的。有多人时，中景可以清晰地表现人物之间的相互关系。图3-27所示为视频中的中景画面效果。

5. 半身

想让画面中的人物表现出更多情感时，可以使用半身景别。在半身画面中，画面底部要到人物腰部往上一点，头顶上方也要稍留空。半身也可以称为"中近景"。图3-28所示为视频中的半身画面效果。

图3-27　视频中的中景画面效果　　　图3-28　视频中的半身画面效果

6. 近景

拍人物胸部以上，或拍物体局部的景别称为近景。近景是近距离展示人物，所以能清晰地表现人物的细微动作。近景也是表现人物之间感情交流的景别。近景着重表现人物的面部表情，传达人物的内心世界，是刻画人物性格最有力的景别。图3-29所示为视频中的近景画面效果。

7. 特写

画面下边定位于人物肩部以上，或画面定位于被摄对象的某一较小局部的景别称为特写。特写画面中，被摄对象充满画面，比近景画面中的更加接近观众。

特写画面视角最小、视距最近、画面细节最突出，所以能够最好地表现对象的线条、质感、色彩等特征。特写是对物体的局部放大，并且在画面中呈现这个单一的物体形态，所以使观众不得不把视线集中，近距离仔细观察。特写有利于细致地对对象进行表现，也更易于使对象被观众重视和接受。图3-30所示为视频中的特写镜头画面效果。

图3-29　视频中的近景画面效果　　图3-30　视频中的特写镜头画面效果

8. 大特写

大特写仅仅在画面中呈现人物面部的局部，或突出某一拍摄对象的局部。例如以人物作为拍摄对象时，人物的头部充满屏幕的镜头被称为特写镜头；如果把摄像机推得更近，让人物的眼睛充满屏幕，就称为大特写镜头。大特写镜头的作用和特写镜头的是相同的，只不过在艺术效果上表现得更加强烈。

短视频画面的结构元素

一个内容完整的镜头画面主要包括主体、陪体、环境（前景、背景）和留白等结构元素。本节将分别对短视频画面的结构元素进行介绍。

3.5.1　主体

主体是短视频画面的主要表现对象，是思想和内容的主要载体和重要体现。主体既是表达内容的中心，也是画面的结构中心，在画面中起主导作用。主体还是拍摄者运用光线、色彩、运动、角度、景别等造型手段的主要依据。因此，构图的首要任务就是明确画面的主体。

主体往往处于变化之中。一个画面里可以始终表现一个主体，也可以通过人物的活动、焦点的虚实变化、镜头的运动等不断改变呈现的主体形象。图3-31所示为以人物为主体的画面。

图3-31　以人物为主体的画面

TIPS 小贴士

主体可以是人或物，也可以是个体或群体。主体可以是静止的，也可以是运动的。

1. 主体在画面中的作用

（1）主体在内容上占有绝对重要的地位，其承担着推动事件发展、表达主题思想的任务。

（2）主体在构图形式上起主导作用，主体是视觉的焦点，是画面的灵魂。

2．主体的表现方法

突出主体有两种方法：一是直接表现，二是间接表现。直接表现就是在画面中给主体最大的面积、最佳的照明、最醒目的位置，将主体以引人注目、一目了然的结构形式直接呈现给观众。间接表现的主体在画面中占据的面积一般不大，但也是画面的结构中心，可以通过环境烘托或气氛渲染来反衬。

在实际拍摄过程中，突出主体的常见方法有以下3种。

（1）运用布局。

合理的构图布局能处理好主体与陪体的关系，使画面主次分明。最常见的运用布局突出主体的构图方式有以下4种。

① 大面积构图。主体被安排在画面最近处，使主体在画面中占据较大的面积，如图3-32所示。

② 中心位置构图。主体被安排在画面的几何中心，即画面对象线相交的点及附近区域，这个区域是画面的中心位置，也是观众视线最为集中的视觉中心，如图3-33所示。

图3-32　大面积构图突出主体　　　图3-33　中心位置构图突出主体

③ 九宫格构图。将主体安排在画面九宫格交叉点或交叉点附近的区域，这些位置容易被观众关注，符合人们的视觉习惯，也容易与其他部分形成呼应关系，如图3-34所示。

④ 三角形构图。使在画面中排列的3个点或主体的轮廓形成一个三角形，这种构图方法也称为金字塔构图。采用这种构图的画面给人以稳定、均衡的感觉，如图3-35所示。

图3-34　九宫格构图突出主体　　　图3-35　三角形构图突出主体

（2）运用对比。

各种对比手法能用来突出主体，常见的有以下4种。

① 利用摄像机镜头对景深的控制，产生物体间的虚实对比，从而突出主体，如图3-36所示。

② 利用动与静的对比，以周围静止的物体衬托运动的主体，或在运动的物体群中衬托静止的主体，如图3-37所示。

图3-36　虚实对比突出主体　　　图3-37　动静对比突出主体

③ 利用影调、色调的对比刻画主体形象，使主体与周围其他事物在明暗或色彩上形成对比，以突出主体，如图3-38所示。

图3-38　影调、色调对比突出主体

④ 利用大小、形状、质感、繁简等的对比，使主体形象鲜明突出。

（3）运用引导

各种画面造型元素都能将观众的注意力引导到主体上，常用的引导方法有以下4种。

① 光影引导。利用光线、影调的变化将观众的视线引导到主体上。

② 线条引导。利用交叉线、汇聚线、斜线等线条的变化将观众的视线引导到主体上。

③ 运动引导。利用摄像机镜头的运动或改变陪体的动势，将观众的视线引导到主体上。

④ 角度引导。利用仰拍强化主体的高度，突出主体的形象；利用俯拍所产生的向下集中的趋势，将观众的视线引导到主体上。

3.5.2　陪体

陪体是指与主体密切相关并构成一定情节的对象。陪体在画面中与主体构成特定关系，可以辅助主体表现主题思想。图3-39所示的短视频画面中，人物是主体，大象是陪体。

图3-39　视频中的主体与陪体

1. 陪体在画面中的作用

（1）陪体可以衬托主体形象，渲染气氛，帮助主体展现画面内涵，使观众正确理解主题思想。例如，在教师讲课的情景中，作为陪体的学生在专心听课，就能说明教师上课具有吸引力。

（2）陪体可以与主体形成对比，在构图上起到均衡和美化画面的作用。

2. 陪体的表现方法

在实际拍摄中，表现陪体的常见方法有以下两种。

（1）陪体直接出现在画面内与主体相互呼应，这是最常见的表现方法。

（2）陪体位于画面之外，主体提供一定的引导和提示，观众靠联想来感受主体与陪体的存在关系。这种构图方式可以扩大画面的信息容量，让观众参与画面创作，引起观众的观赏兴趣。

需要注意的是，由于陪体只起到衬托主体的作用，因此陪体不可以喧宾夺主，在构图处理上，陪体在画面中所占的面积大小不能大于主体，其色调强度、动作状态等不能强于主体。

TIPS 小贴士

视频画面具有连续活动的特性，通过镜头运动和摄像机位置的变化，主体与陪体之间是可以相互转换的。例如，从教师讲课的镜头摇到学生听课的镜头过程中，学生便由原来的陪体变成了新的主体。

3.5.3　环境

环境是指主体周围景物和空间的构成要素包括前景和背景。环境在画面中的作用主要是展示主体的活动空间来表现出时代特征、季节特点和地方特色等，特定的环境还可以表明人物身份、职业特点、兴趣爱好等情况，以及烘托人物的情绪变化。

1. 前景

前景是指在画面中位于主体前面的人、景、物，通常处于画面的边缘。图3-40所示的短视频画面中，花朵为前景。图3-41所示的短视频画面中，被风吹起的布条为前景。

图3-40　花朵为前景　　　　图3-41　被风吹起的布条为前景

（1）前景在画面中的作用

① 前景可以与主体之间形成某种特定含义的呼应关系，以突出主体、推动情节发展、说明和深化所要表达主题的内涵。

② 前景离摄像机的距离近，成像大、色调深，与远处景物形成大小、色调的对比，可以强化画面的空间感和纵深感。

③ 利用一些富有季节特征或地域特色的景物做前景，可以起到表现时间概念、地点特征、环境特点和渲染气氛的作用。

④ 前景可以均衡构图和美化画面。选用富有装饰性的物体做前景，如门窗、厅阁、围栏、花草等，能够使画面具有形式美。

⑤ 前景可以增强动感。活动的前景或者运动镜头所产生的动态前景，能够很好地强化画面的节奏感和动感。

（2）前景的表现方法

在实际拍摄中，一定要处理好前景与主体的关系。前景的存在是为了更好地表现主体，它不能喧宾夺主，更不能破坏、割裂整个画面。因此，可以在大小、亮度、色调、虚实等各方面对前景采取弱化的处理方式，使其与主体区分开来。需要的时候，前景可以通过场面调度和摄像机位置变化变为背景。

TIPS 小贴士

> 需要注意的是，并不是每个画面都需要有前景，如果所选择的前景与主体没有某种必然的关联和呼应关系，就不必使用。

2. 背景

背景主要是指画面中主体后面的景物，有时也可以是人物，用以强调主体所在的环境，突出主体形象，丰富主体的内涵。一般来说，前景在视频画面中可有可无，但背景是必不可少的。背景是构成环境、表达画面内容和纵深空间的重要成分。拍摄者常选择一些富有地方特色或具有时代特征的背景，如天安门广场、东方明珠塔等，来交代主体所在的地点。图3-42所示的短视频画面中，远山、天空构成了画面的背景。

图3-42　短视频画面中的背景

（1）背景在画面中的作用

① 背景可以表明主体所处的环境、位置，渲染现场氛围，帮助主体揭示画面的内容和主题。

② 背景与主体在明暗、色调、形状、线条及结构等方面的对比，可以使画面产生多层景物的造型效果和透视感，增强画面的空间纵深感。

③ 背景可以表达特定的环境，刻画人物性格，衬托、突出主体形象。

（2）背景的表现方法

在短视频拍摄过程中，要注意处理好背景与主体的关系。背景的影调、色调、形象应该与主体形成恰当的对比，不能过分突出，以免喧宾夺主。当背景影响到主体的表现时，拍摄者可以通过适当控制景深、变换虚实等方式来突出主体。

如果没有特殊的要求，拍摄者应该坚持减法原则，利用各种艺术手段和技术手段对背景进行简化，力求画面的简洁。

3.5.4 留白

留白是指看不出实体形象，趋于单一色调的画面部分，如天空、大海、大地、草地等。留白实际上是背景的一部分。图3-43所示的短视频画面中，海水部分构成了画面的留白。

图3-43 短视频画面中的留白

1. 留白在画面中的作用

（1）主体周围的留白可以使画面更为简洁，更有效地突出主体形象。

（2）画面中的留白可以营造某种意境，让观众产生更多的联想。

（3）画面中的留白可以使画面生动活泼，没有任何留白的画面会使人感到压抑。

2. 留白的表现方法

一般情况下，人物视线方向、运动主体的前方、人物动作方向、各个实体之间都应该适当留白。这样的构图符合人们的视觉习惯和心理感受。留白在画面中所占的比例不同，会使画面产生不同的意义。例如，画面留白占据面积较大时，重在写意；画面留白占据面积较小时，重在写实。另外，留白在画面中要大小得当，尽可能避免留白和实体面积相等或对称，做到各个实体和谐、统一。

TIPS 小贴士

需要注意的是，并不是所有画面都具备上述各个结构元素。实际拍摄时，需要根据画面内容合理地安排陪体、环境和留白，但无论怎样运用这些结构元素，目的都是突出主体、表达主题。

3.6 短视频画面的形式要素

构成短视频画面最基本的形式要素主要包括光线、色彩、影调、线条、质感和立体感等。拍摄时只有综合运用好这些要素，才能够更好地完成短视频作品的形象展示、主题表达和情感抒发等。

3.6.1 光线

光线是拍摄的基础，没有光线就无法进行拍摄，合理地利用光线才能够拍摄出理想的画面。光线是营造环境氛围、塑造画面造型、表现人物形象的重要形式元素。

1. 光线在视频中的作用

（1）表现特定的时间环境

光的光影效果可以表现出不同的时间环境，例如早上、中午、傍晚的自然光的光影效果都是不一样的。在短视频拍摄中，拍摄者可以根据主题、情节的需要，通过自然光或人造光的设计来塑造特定的时间环境。图3-44所示的短视频画面就是通过自然光表现傍晚的时间环境。

（2）突出主体

光线的集中照射可以把观众的视觉注意力引导到特定的主体上来。光线的处理可以把某些次要部分或缺陷处隐藏起来，从而突出主体形象。图3-45所示的短视频画面就是通过光线突出主体。

图3-44　通过自然光表现时间环境　　　图3-45　通过光线突出主体

（3）营造氛围

同一环境采用不同的光线处理，可以营造出不同的氛围，使观众产生不同的感受。例如，明亮的光线可以营造一种闲适、温馨、愉悦的氛围，阴暗的光线则容易使人产生压抑、恐惧、低落的情绪。图3-46所示的短视频画面就是通过光线营造氛围。

（4）加强空间透视，增强画面立体感

光线具有表现空间透视的造型功能。光线可以让被摄物体之间的相互关系形成一种明显的画面影调明暗对比和反差层次，从而展现出画面的空间范围和空间透视效果，增强画面的空间感。另外，改变被摄物体上的光影比例，可以表现物体的立体感和质感。图3-47所示的短视频画面就是通过光线增强画面立体感。

图3-46　通过光线营造氛围　　　　图3-47　通过光线增强画面立体感

短视频创作中的光线有自然光和人造光两种。自然光主要是指太阳光、月光等，比较自然、真实。人造光是指各种照明器材所发出的光线，如日光灯、白炽灯、LED灯、聚光灯等发出的光线。在实际应用中，这两种光线可以独立使用，也可以结合使用。

2. 光的分类

（1）根据性质分类

根据性质，光线可分为直射光和散射光。

① 直射光又称为硬光，光线比较生硬。被直射光照射的物体受光面亮、背光面暗，投影明显，明暗对比强烈，层次分明。直射光具有鲜明的造型功能，在短视频拍摄中常作为主光使用。它的典型光源为太阳光或聚光灯。图3-48所示为直射光的效果。

② 散射光又称为软光，比较柔和。被散射光照射的物体受光面、背光面明暗对比不强，无明显投影，层次较细腻。它的典型光源为阴天的自然光或散光灯。图3-49所示为散射光的效果。

（2）根据投射方向分类

根据投射方向，光线大致可以分为顺光、侧光、逆光、顶光、脚光5种基本类型。

① 顺光。顺光（又称正面光）是指投射方向与摄像机拍摄方向一致的光线。顺光能够较好地表

图3-48　直射光的效果　　　　　　图3-49　散射光的效果

现被摄物体原有的色彩，可以使被摄物体正面受光均匀，画面阴影不明显，影调柔和自然。但采用顺光拍摄的画面平淡、呆板、无层次，缺乏物体立体感和空间透视感。图3-50所示为顺光的画面效果。

② 侧光。侧光分为正侧光、前侧光和侧逆光。

正侧光是指投射方向与摄像机拍摄方向呈90°左右水平角的光线。正侧光可以使被摄物体产生较强的明暗反差及阴影，能够突出被摄物体的立体感和质感，具有强烈的造型效果。

前侧光是指投射方向与摄像机拍摄方向呈45°左右水平角的光线。前侧光可以使被摄物体明暗层次丰富，能够较好地表现被摄物体的立体感和质感，造型效果较好，是摄影中运用较多的光线。

侧逆光是指投射方向与摄像机拍摄方向呈135°左右水平角的光线。侧逆光可以勾画出被摄物体的轮廓和形态，使画面具有一定的空间感和立体感。

图3-51所示为前侧光的画面效果。

图3-50　顺光的画面效果　　　　　图3-51　前侧光的画面效果

③ 逆光。逆光（又称为背面光）是指投射方向与摄像机拍摄方向呈180°左右的光线。以逆光为主光拍摄人物时，画面能够获得剪影的效果。逆光可以渲染画面的整体气氛，还可以清晰地勾画主体的轮廓，使之与背景分离，从而将其突出。在拍摄表现意境的全景和远景时，采用自然逆光可以获得丰富的景物层次，增强空间感。但由于逆光拍摄时被摄物体正面处于阴影中，无法看清细节和色彩，不宜多用。图3-52所示为逆光的画面效果。

④ 顶光。顶光是指由被摄物体上方投射下来的光线。用顶光照射人物时，画面中人物的头顶、鼻梁、腭骨等部分显得明亮，而眼窝、鼻梁下显得阴暗，形成恐惧或严肃的气氛。垂直顶光有时用来表现反派人物形象，45°角的后向顶光常用来修饰人物的头发和肩部。图3-53所示为顶光的画面效果。

图3-52　逆光的画面效果　　　　　图3-53　顶光的画面效果

⑤ 脚光。脚光是指由被摄物体的下方投射上来的光线。脚光既可以起到对造型的修饰作用，也可以表现特定的环境，还可以塑造扭曲的造型效果，产生令人恐怖的感觉。

（3）根据造型效果分类

根据造型效果，光线可以分为主光、辅助光、轮廓光、背景光、修饰光和效果光等。布光时往往综合运用这几种光。图3-54所示为灯光的布局示意图。

① 主光。主光是表现主体造型的主要光线，是画面中比较明亮的光线，用来照亮被摄物体最富

有表现力的部位。主光在画面上具有明显的方向，最容易吸引观众的注意力，起主要的造型作用，故又称为塑造光。主光在整个画面的光线中起主导地位，其他光线的配置需要在主光的基础上进行合理安排。主光一般采用聚光灯照明。

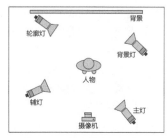

图3-54　灯光的布局示意图

② 辅助光。辅助光是指补充主光效果的辅助光线。辅助光主要用来平衡亮度，为被摄物体阴影部分补充照明，减少明暗反差，使阴影部分产生细腻感，辅助主光造型。主光和辅助光的光比要合理，如果反差过大，画面的明暗影调会显得生硬；反差过小，画面的明暗影调就会显得柔和。需要注意的是，辅助光的亮度不能高于主光，否则会破坏主光的造型表现力。辅助光一般采用聚光灯或散射灯照明，必要时还可以使用反光板辅助。

③ 轮廓光。轮廓光（又称为逆光）是指从被摄物体背后照来的光线。它使被摄物体产生明亮的边缘，勾画出被摄物体的轮廓形状，将物体与物体之间、物体与背景之间区分开，以突出主体，增强画面的纵深感和立体感。轮廓光不宜过强，否则会使轮廓"发毛"而影响画面效果。轮廓光一般采用聚光灯照明。

TIPS 小贴士

主光、辅助光和轮廓光是摄像最基本的 3 种光。用这 3 种光布光的方法，称为"三点布光"。

④ 背景光。背景光是指照亮被摄物体背景的光线。它的作用是提高背景亮度，消除被摄物体在背景上的投影，使被摄物体与背景分开。这种情况下，背景光的亮度要求均匀分布。对背景光进行特殊设计，还可以用它表现特定的环境和时空特点，营造某种氛围。背景光一般采用散光灯照明，其灯位布设在被摄物体的后面。

⑤ 修饰光。修饰光是指照亮被摄物体某一细节特征的光线，主要用来突出被摄物体的某一细节造型。常见的修饰光有眼神光、头发光、服饰光等。用修饰光对被摄物体的局部和细节进行修饰后，被摄物体的外观更突出、更完美。修饰光不宜过分强烈，不能破坏光效的整体性和真实性。

⑥ 效果光。效果光是指使用人造光源再现现实生活中某些特殊效果的光线，如烛光、火光、台灯光、电筒光、汽车光、闪电光、激光等。效果光可以更好地表现特定环境、时间和气候等，也可以表现特定的人物情绪。

3.6.2 色彩

色彩是短视频的重要造型元素，可以表达人们的某种状态和心理感受。因此，我们需要了解并掌握色彩的特征及作用，在进行短视频拍摄时充分发挥色彩对视觉形象的造型功能和表意功能。

1. 色彩的基本属性

每一种色彩同时具有3个基本属性：色相、明度和饱和度。它们在色彩学上称为色彩的三大要素或色彩的三属性。

（1）色相

色相是指色彩的"相貌"，是一种色彩区别于另一种色彩的最大特征。色相是在不同波长光的照射下，人眼所感觉到的不同的色彩，如红色、橙色、黄色、绿色、青色、蓝色、紫色等。

（2）明度

明度是眼睛对光源和物体表面明暗程度的感觉，是由光线强弱决定的一种视觉经验。在无彩色中，明度最高的色彩是白色，明度最低的色彩是黑色。在有彩色中，任何一种色彩都包含明度特征。不同色相的色彩，它们的明度也不同。黄色为明度最高的有彩色，紫色为明度最低的有彩色。

（3）饱和度

饱和度（又称为纯度）是指色彩的纯正程度。饱和度越高，色彩就越鲜艳。饱和度取决于色彩中含色成分和消色成分（灰色）的比例：含色成分越多，饱和度越高；消色成分越多，饱和度越低。各种单色均是饱和度最高的色彩。

2. 色彩的造型功能

色彩的造型功能通过色彩之间的协调或对比来实现。创作者可以对画面中不同色彩的明度、比例、面积、位置等进行配置，使画面产生明暗、浓淡、冷暖等色彩对比，进而实现造型目的。

色彩基调是指短视频作品的色彩构成总倾向。色彩的造型功能不仅体现在具体场面的单个镜头中，而且体现在整个短视频的总体基调设计中。创作者应该根据短视频内容来选择合适的色彩基调。

一般来说，色彩基调按照色性可以分为暖调、冷调和中间调。暖调包括红色、橙色、黄色及与之相近的颜色，冷调包括青色、蓝色及与之相近的颜色，中间调包括黑色、白色、灰色等中性颜色。图3-55所示为暖调的美食类短视频的画面效果。图3-56所示为冷调的旅行类短视频的画面效果。按照色彩的明度划分，色彩基调可以分为亮调和暗调。

图3-55 暖调的美食类短视频的　　　图3-56 冷调的旅行类短视频的
　　　　画面效果　　　　　　　　　　　　　画面效果

3. 色彩的基本情感倾向与象征意义

人类在长期的生活实践中，对不同的色彩积累了不同的生活感受和心理感受，拥有了不同的色彩情感。一般而言，暖色给人以热情、兴奋、活跃、激动的感觉，冷色给人以安宁、低沉、冷静的感觉，中间色则没有明显的情感倾向。

在短视频的特定情境中，每一种色彩都具有独特的情感意义，有的色彩在表现上往往还具有双重或多重的情感倾向。表3-1所示为色彩的基本情感倾向和象征意义。

表3-1 色彩的基本情感倾向和象征意义

色彩	基本情感倾向和象征意义
红色	具有热烈、热情、喜庆、兴奋、危险等情感倾向。红色是最醒目、最强有力的色彩，它既可以象征喜悦、吉祥、美好，也可以象征温暖、爱情、热情、冲动、激烈，还可以象征危险、躁动、革命、暴力
橙色	具有热情、温暖、光明、成熟、动人等情感倾向。橙色通常会给人一种有朝气与活泼的感觉，它通常可以使人由抑郁变得豁然开朗
黄色	具有辉煌、富贵、华丽、明快、快乐等情感倾向。黄色给人以明朗和欢乐的感觉，它象征着幸福和温馨。在我国历史中，黄色又象征着神圣、权贵
绿色	具有生命、希望、青春、和平、理想等情感倾向。绿色是生意盎然的色彩，它代表着春天，象征着和平、希望和生命
青色	具有洁净、朴实、乐观、沉静、安宁等情感倾向。青色通常会给人带来凉爽清新的感觉，而且可以使人由兴奋变得冷静
蓝色	具有无限、深远、平静、冷漠、理智等情感倾向。蓝色非常纯净，通常让人联想到海洋、天空和宇宙，它是永恒、自由的象征。纯净的蓝色给人以美丽、文静、理智、安详与洁净之感。蓝色又是最冷的色彩，在特定的情境下，会给人一种寒冷的感觉。它还象征着冷漠
紫色	具有高贵、优雅、浪漫、神秘、忧郁等情感倾向。灰暗的紫色象征着伤痛、疾病，容易使人产生心理上的忧郁、痛苦和不安。明亮的紫色好像天上的霞光、原野上的鲜花、情人的眼睛，动人心神，使人感到美好，因而常用来象征男女之间的爱情

续

色彩	基本情感倾向和象征意义
黑色	具有恐怖、压抑、严肃、庄重、安静等情感倾向。黑色容易使人产生忧愁、失望、悲痛、死亡的联想
白色	具有神圣、纯洁、坦率、爽朗、悲哀等情感倾向。白色容易使人产生光明、爽朗、神圣、纯洁的联想
灰色	具有安静、柔和、消极、沉稳等情感倾向。灰色较为中性，象征知性、老年、虚无等，容易使人联想到工厂、都市、冬天的荒凉等

TIPS **小贴士**

在短视频拍摄中，创作者要把握好光源的色温性质对色彩还原产生的影响，正确处理好被摄物体自身的色彩、周围的环境色彩及照明光源的色彩三者之间的关系，保持影调色彩的一致性。

在色彩运用中，一方面，创作者要注意对画面主体、陪体和背景的色彩关系进行合理配置，以形成画面色彩的对比和呼应，从而突出主体、渲染气氛；另一方面，创作者要注意色彩的基本情感倾向和象征意义，通过色彩的合理运用，使画面具有视觉冲击力和艺术表现力。

3.6.3 影调

影调是指视频画面中的影像所表现出的明暗层次和明暗关系。影调是构成景物具体形象的基本因素，是构图造型、烘托气氛、表达情感的重要手段。在短视频拍摄中，影响画面影调的因素主要是光线的强度和角度的变化。

根据明暗，画面的影调可以分为亮调、暗调和中间调3种类型。在短视频中，这3种影调与剧情内容紧密结合，可以形成短视频影调的总倾向——基调。

1. 亮调

以浅灰色、白色及亮度等级偏高的色彩为主构成的画面影调，称为亮调或明调。拍摄亮调画面宜选取明亮背景下的明亮主体。为了获得明亮主体，多采用正面散射光或顺光照明，同时主体色彩以白色及亮度等级偏高的色彩为主。亮调画面在构成上，必须有少量的暗色或亮度等级偏低的色彩做对比映衬，以形成一定的层次，使亮调部分更为突出。亮调画面中亮的部分面积大，给人以明朗、纯洁、活泼、轻快的感觉。图3-57所示为亮调的视频画面效果。

图3-57 亮调的视频画面效果

TIPS **小贴士**

亮调画面构成的情节段落多用于表现特定的状况，如幻觉、梦境、幻想。亮调可用于抒情场面，还可以用来表现欢乐、幸福、喜悦的情绪。

2. 暗调

以深灰色、黑色及亮度等级偏低的色彩为主构成的画面影调，称为暗调或深调。拍摄暗调画面宜选取深暗背景下的深色主体。为了获得深色主体，多采用侧光、逆光或顶光照明，同时主体色彩以黑色及亮度等级偏低的色彩为主。暗调画面在构成上，必须有少量的白色、浅灰色或亮度等级偏高的色彩，以增加影调层次，反衬大面积的暗调部分，使暗调部分更为突出。暗调画面中暗的部分面积大，会给人以深沉、凝重、刚毅的感觉。图3-58所示为暗调的视频画面效果。

图3-58　暗调的视频画面效果

3. 中间调

中间调也称为标准调。中间调画面明暗分布和明暗反差适中，影像层次丰富。中间调能够正常表现被摄对象的立体感、质感和色彩，易给观众真实、亲切的感受，是短视频作品中最常用的影调。

创作者在拍摄短视频时，可以采用多种方向的组合光照明，以免光比过大、反差过大，但光线也不宜过于平淡。同时，创作者要注意选择色彩亮度等级适中的物体入画。图3-59所示为中间调的视频画面效果。

图3-59　中间调的视频画面效果

3.6.4　线条

线条是短视频画面构图的基本要素之一。短视频画面构图中的线条不仅与几何学中的线条一样有长度、方向和位置，而且有一定的宽度、动态和情感概念。线条可以勾画出画面的整体结构和主体形象；可以引导观众视线，使其产生某种情绪；可以布局画面，使画面形成节奏、韵律和意境。因此，创作者在短视频拍摄中要重视线条的运用。

线条多种多样，最为常见的有水平线条、垂直线条、斜线条和曲线条。

1. 水平线条

水平线条具有横向的稳定性，可使画面构图平稳。水平线条是最基本的主导线条，它在视觉上具有向两侧延伸的趋势，给人以宽广、辽阔、舒展的感觉，适用于表现大地、湖面、草原、大海等宽阔的画面场景。水平线条常用来渲染平稳、宁静、辽阔的环境氛围。图3-60所示为采用水平线条构图的视频画面效果。

图3-60　采用水平线条构图的视频画面效果

2. 垂直线条

垂直线条在视觉上具有向上下延伸的特性，可表示高度和力量，给人以宏伟、庄严、挺拔、高大的感觉。垂直线条是拍摄高楼、塔碑、大树等高大景物的主导线条，可以营造出景物高耸、庄严的视觉效果。图3-61所示为采用垂直线条构图的视频画面效果。

图3-61　采用垂直线条构图的视频画面效果

3. 斜线条

斜线条具有非常强的动感和纵深感。斜线条构图可以使画面空间得以延伸，使画面产生一种无形的张力，给人以运动、兴奋和不稳定的感觉。尤其是以画面的两条对角线构图时，画面显得更活泼，并增加了戏剧性。图3-62所示为采用斜线条构图的视频画面效果。

图3-62　采用斜线条构图的视频画面效果

4. 曲线条

曲线条是指有规律地变化且带有弧形部分的线条，常见的曲线条有S形曲线、C形曲线和弧形曲线等。曲线条具有流动、柔软和韵律感强的特点。当画面构图以曲线条为主导线条时，画面的纵深感会增强，观众的视线会随着曲线条移动，整个画面会给人一种流畅、活泼、柔和、优美的感觉。图3-63所示为采用曲线条构图的视频画面效果。

图3-63　采用曲线条构图的视频画面效果

TIPS 小贴士

在短视频拍摄过程中，创作者要善于运用线条去构造画面，要根据作品的主题思想、所要表现出来的对象特征、环境氛围等因素合理地选择线条形式，认真提炼最富有表现力的线条，以鲜明的视觉形象表达主题内容和情感。

3.6.5　质感

质感是人们对物体的材料质量和表面结构的一种视觉感觉。不同物体会给人软硬、平滑、粗糙、细腻、韧脆、透明、浑浊等各种感觉。在短视频拍摄过程中，创作者可通过改变用光角度、明暗对比、色彩变化等手段来获得理想的画面质感。图3-64所示为表现质感的视频画面效果。

图3-64 表现质感的视频画面效果

3.6.6 立体感

立体感是指通过二维的屏幕平面表现出三维空间的视觉真实感。物体的立体形态是由不同的线、面结构组合而成的。在短视频拍摄过程中，创作者可以选择适当的拍摄角度，并合理运用光线、色彩、线条等造型元素来表现物体的立体感；还可以通过调整明暗层次、色调，以及改变主体与背景的对比、虚实等手段来突出物体的立体感。图3-65所示为表现立体感的视频画面效果。

图3-65 表现立体感的视频画面效果

3.7 短视频画面的构图方法

拍摄视频与拍摄照片相似，都需要对被摄主体进行恰当的摆放，使画面看上去和谐舒适，这便是构图。成功的构图能够使作品重点突出，有条有理且富有美感，令人赏心悦目。

3.7.1 中心构图

中心构图是一种简单且常见的构图方法，其将被摄主体放置在相机或手机画面的中心进行拍摄，能较好地突出被摄主体。对于采用中心构图的视频画面，观众一眼就可看到画面的重点，从而将目光锁定在重点对象上，了解重点对象想要传递的信息。

中心构图最大的优点在于主体突出、明确，而且画面容易达到左右平衡的效果。中心构图非常适合用来表现物体的对称性。图3-66所示为采用中心构图的视频画面效果。

3.7.2 三分线构图

三分线构图是指将视频画面从横向或纵向分为3个部分，将被摄主体放在三等分线上的某一位置进行构图取景，从而让被摄主体更加突出，画面更具层次感。三分线构图是一种经典且简单易学的构图方法。

三分线构图一般将被摄主体放在偏离画面中心1/6处，这样可使画面不至于太枯燥和呆板，还能突出被摄主体，使画面紧凑有力。此外，三分线构图还能使画面具有平衡感，使画面左右或上下更加协调。图3-67所示为采用三分线构图的视频画面效果。

图3-66 采用中心构图的视频画面效果 图3-67 采用三分线构图的视频画面效果

3.7.3　九宫格构图

九宫格构图又称为井字形构图，是拍摄中重要且常见的一种构图方法。九宫格构图就是把画面当作一个有边框的区域，横竖各两条线将画面均匀分开，形成一个井字。这4条直线两两相交所形成的交点可称为构图中心。创作者在拍摄视频时，可将被摄主体放在构图中心上。

图3-68　采用九宫格构图的视频画面效果

图3-68所示的画面就采用了比较典型的九宫格构图，作为被摄主体的人物被放在了黄金分割点的位置，整个画面看上去非常有层次感。

此外，九宫格构图能使画面相对均衡，拍摄出来的视频也比较自然和生动。

TIPS 小贴士

九宫格构图中一共包含 4 个构图中心，每一个构图中心都在偏离画面中心的位置上。将被摄主体放在构图中心上不仅能优化视频空间，还能很好地突出被摄主体。因此，九宫格构图是十分实用的构图方法。

3.7.4　黄金分割构图

黄金分割构图是视频拍摄中运用得非常广泛的构图方法。当视频作品中被摄主体的摆放位置符合黄金分割原则时，画面会呈现出和谐的美感。

在黄金分割构图中，黄金分割点可以视为对角线与它的某条垂线的交点。我们可以用线段表现视频画面的黄金比例，对角线与从相对顶点引出的垂线的交点（即垂足）就是黄金分割点，如图3-69所示。

除此之外，黄金分割构图还有一种特殊的表达方法，即黄金螺旋线。黄金螺旋线是以每个正方形的边长为半径所形成的一条具有黄金比例美感的螺旋线，如图3-70所示。

黄金分割构图可以在突出被摄主体的同时，使观众在视觉上感到十分舒适，从而产生美的感受。图3-71所示为采用黄金分割构图的视频画面效果。

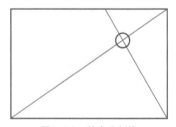　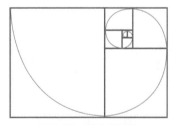　

图3-69　黄金分割线　　　　　图3-70　黄金螺旋线　　　　图3-71　采用黄金分割构图的视频画面效果

3.7.5　前景构图

前景构图是指利用被摄主体与镜头之间的景物进行构图。前景构图可以增加画面的层次，不仅能使画面内容更加丰富，同时又能很好地展现被摄主体。

前景构图分为两种情况：一种是将被摄主体作为前景进行拍摄，如图3-72中将被摄主体——花朵直接作为前景进行拍摄，这不仅使被摄主体更加清晰醒目，而且使视频画面更有层次感，画面背景则做了虚化处理；另一种是将除被摄主体以外的物体作为前景进行拍摄，如图3-73中利用黄色的花朵作为前景，这让观众在视觉上有一种向里的透视感，同时又有一种身临其境的感觉。

图3-72　将被摄主体作为前景的视频画面效果　　　图3-73　将被摄主体以外的物体作为前景的视频画面效果

3.7.6　框架构图

在取景时，创作者可以有意地寻找一些框架元素，如窗户、门框、树枝、山洞等。在选择好框架元素后，调整拍摄角度和拍摄距离，将主体安排在框架之中即为框架构图。图3-74所示为采用框架构图的视频画面效果。

图3-74　采用框架构图的视频画面效果

TIPS 小贴士

需要注意的是，在拍摄时，有时框架元素会很明显地出现在创作者的视野中，如常见的窗户、门框等景物。但有时框架元素并不会很明显地出现，这时创作者应该寻找可以当作框架元素的景物。例如在拍摄风景时，创作者可以将某些倾斜的树枝当作框架元素。

3.7.7　光线构图

在短视频拍摄中，可用来构图的光线有很多，如顺光、侧光、逆光、顶光等。光线构图可以使画面呈现出不一样的光影艺术效果。图3-75所示为采用光线构图的视频画面效果。

图3-75　采用光线构图的视频画面效果

3.7.8　透视构图

透视构图是指利用画面中的某一条线或某几条线由近及远形成的延伸感，使观众的视线沿着线条汇聚到一点的构图方法。

短视频拍摄中的透视构图可大致分为单边透视和双边透视两种。单边透视是指视频画面中只有一边带有由远及近形成延伸感的线条，如图3-76所示；双边透视则是指视频画面两边都带有由近及远形成延伸感的线条，如图3-77所示。

图3-76　采用单边透视构图的视频画面效果　　图3-77　采用双边透视构图的视频画面效果

透视构图可以增强画面的立体感，而且透视本身就有近大远小的规律。视频画面中的线条能让观众沿着线条指向的方向去看，有引导观众视线的作用。

3.7.9　景深构图

当某一物体聚焦清晰时，从该物体前面到其后面的某一段距离内的所有景物都是清晰的，前后的这段距离叫作景深，而其他部分则是模糊（虚化）的。这种被拍摄对象聚焦清晰而周围环境虚化的构图方法就是景深构图。图3-78所示为采用景深构图的视频画面效果。

图3-78　采用景深构图的视频画面效果

3.8　短视频画面的构图形式

短视频画面的构图形式多种多样。根据内在性质，构图形式可分为静态构图、动态构图、封闭式构图和开放式构图4种。

3.8.1　静态构图

静态构图是使用固定镜头拍摄静止的被摄对象和处于静止状态的运动对象的构图形式，它是短视频画面构图的基础。

静态构图具有以下4个特点。

（1）表现静态对象的性质、形态、体积、规模、空间位置。

（2）画面结构稳定，在视觉效果上有一种强调意义。采用特写拍摄人物时能够表现出人物的神态、情绪和内心世界，采用全景或远景拍摄景物时能够展现出画面的意境。

（3）画面给人以稳定、宁静、庄重的感觉，但长时间的静态构图容易使人产生呆板、沉闷的感觉。

（4）画面主体与陪体，以及主体、陪体与环境的关系非常清晰。

3.8.2　动态构图

动态构图是短视频画面中的表现对象和画面结构不断发生变化的构图形式，在各类短视频作品中得到广泛运用。使用固定镜头拍摄运动的主体，或使用运动镜头拍摄，都可以获得动态构图效果。动态构图形式多样，其强调的是构图视觉结构变化和画面形式变化，以便给观众传递更多的信息。

动态构图具有以下4个特点。

（1）详细地表现动态人物的表情及被摄对象的运动过程。

（2）被摄对象的形象往往逐次展现，其完整的视觉形象靠观众的视觉积累形成。

（3）画面中所有造型元素都在变化之中，例如光色、景别、角度、主体在画面中的位置、环境、空间深度等。

（4）运动速度不同，可以表现不同的情绪和多变的画面节奏。

3.8.3 封闭式构图

封闭式构图是将主体放置在画面的几何中心或构图中心位置的一种构图形式。封闭式构图要求在画面范围内包含所要表现的主体的全部内容，画面内的主体是独立且完整的。封闭式构图追求的是画面内容的统一、完整、和谐、均衡等视觉效果，画面中的主体、景物与画面外的空间基本没有联系。图3-79所示为采用封闭式构图的视频画面效果。

图3-79　采用封闭式构图的视频画面效果

封闭式构图具有以下两个特点。

（1）主体是一个完整体，画面内的主体独立、统一、完整，观众的视觉和心理感受完全被限定在画面内的主体上。

（2）注重构图的均衡性，使观众获得视觉上和心理上的稳定感。

封闭式构图适用于拍摄纪实性专题片和抒情风光片，也有助于塑造严肃、庄重、优美、平静、稳健等的人物或生活场面。

3.8.4 开放式构图

开放式构图是不限定主体在画面中所处位置的构图形式。开放式构图不强调构图的完整性、均衡性和统一性，而是着重表现画面内的主体与画面外可能存在的人物或景物之间的联系，引导观众对画面外的空间产生联系和想象。图3-80所示为采用开放式构图的视频画面效果。

图3-80　采用开放式构图的视频画面效果

开放式构图具有以下3个特点。

（1）主体往往是不完整的，表现出一种视觉独特的构图艺术。

（2）构图往往是不均衡的，观众可以通过想象画面外存在的与画面内主体相关联的事物，来实现心理上的均衡。

（3）表现的重点是主体与画面外空间的联系，引导观众关注画面外空间，引发观众思考和参与画面意义的构建。

开放式构图适用于展现以动作、情节、生活场景为主题的短视频内容。

3.9　本章小结

　　前期拍摄是短视频创作的基础，创作者只有出色地完成短视频素材的拍摄，才能够通过后期的处理创作出出色的短视频作品。本章主要对短视频前期拍摄的相关内容进行了介绍。完成本章内容的学习后，读者需要进一步加深对所学知识的理解，并合理将所学知识运用于短视频拍摄过程中。

第 4 章

剪辑制作基础

　　完成拍摄之后，创作者还需要对短视频进行后期处理，以根据分镜头脚本拍摄的原始画面素材和收录的原始声音素材为制作基础，结合剧本内容，全面把握总体创作意图和特殊要求，对全片的结构、语言、节奏进行调整、增删、修饰和弥补，从而形成一部内容和形式和谐统一、结构严谨、语言准确、节奏流畅、主题鲜明的短视频作品。

　　本章将讲解短视频后期剪辑制作的相关知识，包括短视频镜头的组接、短视频声音处理、短视频节奏处理、短视频色调处理和短视频字幕处理等，以期读者能够理解并掌握短视频后期剪辑制作的方法和技巧。

4.1 剪辑基础

剪辑指综合运用蒙太奇手法将孤立的镜头组接起来，形成前后承接的关系，用以表达具体而确定的含义。剪辑是一项兼顾技术性和艺术性的工作，它通过将不同的镜头组接在一起，来表达主题、抒发情感、营造美感。

4.1.1 剪辑的基本思路

在开始剪辑短视频之前，思路分析是必不可少的环节。剪辑思路直接影响短视频质量和剪辑效率。无论是街拍、旅拍还是拍摄已经确定剧情的故事片，创作者心中都要有明确的剪辑思路。视频类型不同，剪辑思路也不同。本小节主要介绍旅拍类、生活类和故事类短视频的剪辑思路。

1. 旅拍类短视频的剪辑思路

旅行拍摄具有不确定性，拍摄过程中可能有很多内容并不在计划之内。除了已定的拍摄路线和目标拍摄物，大多数时候摄影师需要在旅行过程中根据实际场景即兴发挥。

这种拍摄的不确定性给后期制作提供了开放式的剪辑条件，然而开放式剪辑同样有一定的规律可循，下面介绍3种比较典型的剪辑手法。

（1）排比剪辑法

排比剪辑法通常用来对多组不同场景、相同角度、相同行为的镜头进行组接。图4-1所示的一组镜头就是使用排比剪辑法进行组接的。

图4-1　使用排比剪辑法组接的一组镜头

（2）相似物剪辑法

相似物剪辑法是指按照不同场景、不同物体、相似颜色进行镜头的组接。例如，飞机和飞鸟的镜头组接，如图4-2所示，摩天轮和镜头的镜头组接如图4-3所示。

图4-2　飞机和飞鸟的镜头相接

图4-3　摩天轮和镜头的镜头组接

（3）逻辑剪辑法

物体A与物体B动作衔接匹配、镜头A与镜头B相关或为连贯运动，这种存在逻辑关系的镜头组接方法叫作逻辑剪辑法。例如，跳水运动和溅起水花存在逻辑关系，如图4-4所示；扣篮动作和体育场存在逻辑关系，如图4-5所示。

图4-4　跳水运动和溅起水花　　　　　　　图4-5　扣篮动作和体育场

2. 生活类短视频的剪辑思路

生活类短视频通常以第一人称的形式记录拍摄者生活中所发生的事情。这类短视频主要以事件的发展顺序为录制顺序，录制时间比较长，一般为几小时至十几小时。这类短视频通常会记录下整件事情的所有经过，并且通过讲述的形式对事情展开讲解。

在后期剪辑时，面对巨大的素材量，创作者应遵循减法原则，也就是在现有视频的基础上尽量删除没有意义的片段，与此同时还要保证短视频内容的完整性。

3. 故事类短视频的剪辑思路

故事类短视频的剪辑不同于旅拍类、生活类短视频的剪辑，创作者不能根据自己的喜好随意发挥。故事类短视频是依据剧本的情节发展进行拍摄的，由大量单个镜头组成，剪辑的难度也相对较大。

一般在剪辑之前，创作者首先要熟悉剧本，对剧情的发展方向有大致的了解。除少部分创意片外，一般故事类短视频的剧情都遵循开端、发展、高潮、结局的内容架构。创作者可在剧情框架的基础上加入中心思想、主题风格、导演意向、剪辑创意等元素。这些元素加入后也就确定了短视频的基本风格。最后，创作者可根据短视频的基本风格挑选合适的音乐，并确定短视频大概的时长。

4.1.2　选择合适的剪接点

剪接点是指两个镜头相连接的点。只有选准了剪接点，镜头组接才能实现从形式到内容的紧密结合，短视频的内容、情节、节奏、情感的发展才会合乎逻辑且符合审美特性。

对短视频进行镜头剪接时，创作者要注重4类剪接点的选择：动作剪接点、情绪剪接点、节奏剪接点和声音剪接点。

1. 动作剪接点

创作者要以人物形体动作为基础，以画面情绪和叙事节奏为依据，结合日常生活经验选择动作剪接点。对于运动中的物体，剪接点通常安排在动作的发生过程中。对于具体的操作，创作者可找出动作中的临界点、转折点和"暂停处"作为剪接点。

图4-6所示为根据人物动作进行镜头组接。

图4-6　根据人物动作进行镜头组接

需要强调的是，动作剪接点的选择还需要以画面情绪和叙事节奏为依据；组接镜头时，上一个镜头要完整地保持到临界点，下一个镜头则需要根据画面情绪或叙事节奏选择起始点。

2. 情绪剪接点

创作者要以心理动作为基础，以表情为依据，结合造型元素选取情绪剪接点。具体来说，创作者在选取情绪剪接点时，需要根据情节发展、人物内心活动以及镜头长度等因素，把握人物的喜、怒、哀、乐等情绪，尽量选取情绪的高潮处作为剪接点，为情绪表达留足空间。

图4-7所示为根据人物情绪进行镜头组接。

图4-7　根据人物情绪进行镜头组接

3. 节奏剪接点

创作者要以故事情节为基础，以人物关系和规定情境中的中心任务为依据，结合语言、情绪、造型等要素来选取节奏剪接点。节奏剪接点强调镜头内部动作与外部动作的吻合。

创作者在选取节奏剪接点时，要综合考虑画面的故事情节、语言动作和造型特点等要素。选取固定画面快速切换可以产生强烈的节奏，选取舒缓的镜头加以组合可产生柔和、舒缓的节奏。创作者还要注意画面与声音的匹配。

图4-8所示为根据节奏进行镜头组接。

图4-8　根据节奏进行镜头组接

4. 声音剪接点

创作者要以声音的特征为基础，根据内容的要求以及声音和画面的有机关系来选择声音剪接点。声音剪接点要求尽力保持声音的完整性和连贯性。声音剪接点主要包括对白的剪接点、音乐的剪接点和音效的剪接点3种。

 短视频镜头的组接

一部完整的短视频作品是由一系列镜头构成的，镜头组接的合理与否会直接影响最终短视频作品的内容表达和艺术表现。

4.2.1 镜头组接的原则

剪辑师应该根据导演或编导的创作意图，综合运用蒙太奇手法进行镜头组接，以阐述不同的画面意义和思想内涵。

镜头组接不能随心所欲，应该遵循以下基本原则。

1. 逻辑与因果原则

镜头组接需要遵循事物发展的基本逻辑与因果关系。

正常情况下，绝大多数叙事镜头均需要按照时间顺序进行组接；不能按时间顺序组接的镜头，其组接也要符合事物发展的基本因果关系。例如，在一些影视作品中，我们经常会看到这样两组镜头：①某人开枪，另一人中弹倒下；②某人中弹倒下，在他身后，另一人手中的枪正冒着一缕青烟。前一种镜头组接方式先交代动作，后交代这一动作产生的结果，这是基于时间顺序叙事，符合观众的日常生活体验；而后一种镜头组接方式则先给出事件的结果，然后交代原因，这虽然不符合事件发生的时间顺序，但符合事件发生的内在逻辑。

因此，镜头组接必须符合日常生活的逻辑和基本的因果联系，这是观众能够接受和理解作品的前提。

2. 时空一致性原则

短视频画面向人们传达的视觉信息具有多种构成元素，如环境、主体动作、画面结构、景深、拍摄角度、不同焦距镜头的成像效果等。因此，两幅画面在衔接时，画面中的各种元素要有一种和谐对应的关系，以使人感到自然、流畅，不会产生视觉上的间断感和跳跃感。

3. 180°轴线原则

轴线可视为表明被摄主体运动方向、视线方向和不同对象之间关系的一条假想连接线。通常，相邻的两个镜头需要保持轴线关系一致，即画面主体在空间位置、视线方向及运动方向上必须保持一致性和连贯性。

4. 适合观众心理原则

观众在观看短视频时，多处于积极、活泼的思维活动中，不仅希望能够获得信息，还时常将自己置于情节之中，受情节感染并产生共鸣，进而获得美的享受。创作者要满足观众的观赏心理和审美需求，需要做好以下3点。

（1）景别匹配、循序渐进。前后镜头组接在一起时，要注意相互协调，使两个画面处于一种自然和谐的关系之中，避免出现过大景别（如远景）与过小景别（如大特写）的组接。近景、中景、远景之间循序渐进切换是绝大多数叙事镜头常用的组接方式。

（2）适时使用主观镜头和反应镜头。一般情况下，当某一个画面中的主体有明显的观望动作时，观众会产生好奇心，这时如果组接相应的主观镜头和反应镜头，就可以满足观众的心理诉求和好奇心。

图4-9所示为主观镜头和反应镜头的组接。

（3）避免跳切。在组接镜头时，要尽量避免将机位、景别和拍摄角度有明显区别的镜头组接在一起，否则会形成跳切。跳切会令观众感觉突兀、不自然、不正常。

图4-9 主观镜头和反应镜头的组接

5. 光色方案统一原则

镜头组接要保持影调和色调的连贯性，尽量避免出现没有必要的光色跳动，需要遵循"平稳过渡"的变化原则。如果必须将影调和色调对比过于强烈的镜头组接在一起，则通常要安排一些中间影调和色调的衔接镜头进行过渡，也可以通过软件添加一个叠化效果进行缓冲。

图4-10所示为影调和色调统一的镜头组接。

图4-10 影调和色调统一的镜头组接

6. 声画匹配原则

镜头组接要注意声音和画面的配合。声音和画面各有其独特的表现特性，二者有机结合，才能更好地表现短视频内容。

4.2.2 镜头组接的技巧

在短视频剪辑过程中，创作者可以利用相关软件和技术，在需要组接的镜头之间使用组接技巧，使镜头之间的转换更为流畅、平滑，并制作一些直接组接无法实现的视觉及心理效果。常用的镜头组接技巧有淡入淡出、叠化、划像、画中画、抽帧等。

1. 淡入淡出

淡入淡出也称为渐显渐隐，在视觉效果上体现为在下一个镜头的起始处，画面由纯黑逐渐恢复到正常的亮度，内容逐渐显现，这一过程叫淡入；在上一个镜头的结尾处，画面由正常亮度逐渐减到纯黑，内容逐渐隐去，这一过程叫淡出。淡入淡出是短视频作品中表现时间和空间间隔的常用手法。淡入和淡出的持续时间一般各为2秒左右。

图4-11所示为在短视频中，上一个场景逐渐淡出为黑色，下一个场景再逐渐淡入。

图4-11 使用淡出淡入技巧进行镜头组接

TIPS 小贴士

需要注意的是，淡入淡出对时间、空间的间隔暗示作用相当明显，因此在镜头组接时不宜过多使用，否则会使画面的衔接显得十分零碎、松散，还会令短视频的节奏拖沓、缓慢。

2. 叠化

叠化是指前一镜头逐渐模糊直至消失，而后一镜头逐渐清晰直至完全显现，两个镜头在渐隐和渐显的过程中有短暂的重叠和融合。叠化的时间一般为3～4秒。图4-12所示为在短视频中使用叠化技巧进行镜头组接。

图4-12　使用叠化技巧进行镜头组接

相比直接切换，叠化具有轻缓、自然的特点，可用于展示比较柔和、缓慢的时间转换。此外，叠化还可以用来展现景物的繁多和变换，例如很多风光片都会在不同的景色间添加叠化效果。同时，叠化也是避免镜头跳切的重要技巧，可实现"软过渡"，最大限度地确保镜头衔接顺畅。

3. 划像

划像是指上一个镜头画面从一个方向渐渐退出的同时，下一个镜头画面随之出现。根据画面退出和出现的方向与方式，划像可分为左右划、上下划、对角线划、圆形划、菱形划等。通常，"划"的时间为1秒左右。

图4-13所示为在短视频中使用划像技巧进行镜头组接。

划像可以用于描述平行发展的事件，常用于平行蒙太奇或交叉蒙太奇。此外，划像还可用于表现时间转换和段落起伏。

TIPS 小贴士

划像的节奏比淡入淡出和叠化的节奏更为紧凑，是人工痕迹相对比较明显的一种镜头组接技巧，如非必需，创作者尽量不要使用，以免给观众留下虚假、造作的印象。

图4-13　使用划像技巧进行镜头组接

4. 画中画

画中画是指在同一个画框中展现两个或两个以上的画面。画中画可以从不同的视点、视角表现同一事件或同一动作，也可以用来表现同时发生的相关或者对立的事件、动作，还可以用来实现段落和画面的交替更换。画中画在事件性较强的短视频中较为常见，多用于平行蒙太奇和交叉蒙太奇。

图4-14所示为在短视频中使用画中画技巧进行镜头组接。

图4-14　使用画中画技巧进行镜头组接

　　不过，在缺乏明确设计的情况下，将屏幕随意分割成两个或多个画面是不可取的。因为观众在同一时间内只能处理有限的视觉信息，如果屏幕中画面过多，会导致重要信息被观众忽视，甚至让观众产生眼花缭乱的感觉。

5. 抽帧

　　抽帧是一种较为常用的镜头组接技巧。通常情况下，1秒的短视频画面包括25帧或30帧（即25幅或30幅静态图像），而抽帧是指将一些静态图像（帧）从一系列连贯的图像中抽出，从而使影像表现出不连贯效果。

　　很多短视频创作者使用抽帧技巧来实现某种"快速剪辑"，如在不改变运动速率的基础上，通过减少帧数的方式，让人物的动作看起来比正常情况下更具动感。

　　创作者还可以利用抽帧技巧形成静帧效果，操作方法如下：从一系列连贯影像中，选择一帧画面并将其复制为多帧，在短视频播放时，该帧画面会形成较长时间的定格。这一方法有极强的造型功效。

　　图4-15所示为在短视频中使用抽帧技巧进行镜头组接。

图4-15　使用抽帧技巧进行镜头组接

TIPS 小贴士

　　抽帧是一种难度较高、操作复杂的镜头组接技巧，它对创作者提出了很高的要求。抽帧技巧若使用得当，可以制造出迥异于日常体验的"奇观"；若使用不当，则会令画面出现毫无意义的"卡顿"，进而影响观众的观看体验。

　　总之，随着短视频剪辑理念的发展和剪辑技术的进步，镜头组接的技巧也在不断变化和革新，这里介绍的仅仅是较为常见的几种。但是否使用，以及如何使用镜头组接技巧，创作者需要根据具体创意和需求来定，要避免滥用可有可无的镜头组接技巧。

4.3 转场方式及运用

　　一部短视频作品往往是由多个场景构成的，从一个场景过渡到另一个场景即为"转场"。在后期剪辑中，创作者需要采用适当的方式来完成转场。

4.3.1 视频画面转场的方式

　　短视频后期剪辑的转场方式可分为两大类，即无技巧转场和有技巧转场。

1. 无技巧转场

　　无技巧转场是指通过镜头的自然过渡来实现前后两个场景的转换与衔接，它强调视觉上的连续性。无技巧转场的思路产生于前期拍摄过程，并于后期剪辑阶段通过具体的镜头组接来实现。图4-16所示为无技巧转场效果，镜头所拍摄的画面属于同一场景，这样的镜头可以直接剪辑在一起。

2. 有技巧转场

　　有技巧转场是指在后期剪辑时，借助剪辑软件提供的转场特效来实现转场。有技巧转场可以使观众明确意识到前后镜头间及前后场景间的间隔、转换和停顿，可以使镜头衔接更自然、流畅，实现一些无技巧转场不能实现的视觉及心理效果。几乎所有的短视频剪辑软件都自带许多出色的转场特效。

图4-16　无技巧转场效果

图4-17所示为通过后期剪辑软件中的转场特效实现的有技巧转场效果。

图4-17　有技巧转场效果

有技巧转场与前面讲到的镜头组接技巧基本相同，也有淡入淡出、叠化、划像等方式，此处不再赘述。二者的注意事项也大致相同，但创作者需要特别注意的是，有技巧转场只在必要的时候才能使用，切忌为追求炫目效果而滥用，以免破坏短视频作品的整体风格。

4.3.2　视频画面转场的运用

在短视频后期剪辑处理过程中，镜头之间的转场处理是必不可少的。合理地使用转场，可以使短视频画面的过渡更加流畅和自然。下面主要介绍7种常见的转场方式，这7种转场方式都属于无技巧转场，更考验创作者对剪辑点的选择和对镜头的把握。

1. 直切式转场

直切式转场是最基本、最简单的转场方式，常用于同一主体从一个场景移动到另一个场景的情节。虽然场景发生了变化，但因为场景中存在共同的主体，所以不会让人产生突兀的感觉。直切式转场的过渡直截了当、不留痕迹，符合人们的日常生活规律，因此，它是大部分短视频作品采用的转场方式。图4-18所示为使用直切式转场的转场效果。

图4-18　使用直切式转场的转场效果

2. 空镜头转场

空镜头转场，即使用没有明确主体形象、以自然风景为主的写景空镜头作为两个场景的衔接镜头，进而实现转场。图4-19所示为使用空镜头转场的转场效果。

图4-19　使用空镜头转场的转场效果

3. 主观镜头转场

主观镜头转场是指借助镜头的摇移运动或分切组合，在同一组镜头中实现由客观画面到主观画面的自然转换，同时也实现场景的转换。通常前一个场景以主体的观望动作作为结束点，紧接着下一个场景就是主体看到的景象，这样两个场景就自然地衔接起来了。图4-20所示为使用主观镜头转场的转场效果。

图4-20　使用主观镜头转场的转场效果

4. 特写镜头转场

特写镜头因为屏蔽了时空与环境，所以具有天然的转场优势。特写镜头转场是指首个镜头为拍摄对象的局部特写镜头，通过局部特写镜头直接过渡到下一个场景画面，或将局部特写镜头与下一个场景画面之间做特效过渡。特写镜头转场是一种很常用的无技巧转场方式。图4-21所示为使用特写镜头转场的转场效果。

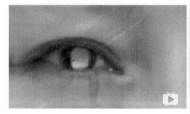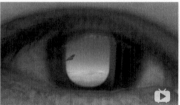

图4-21　使用特写镜头转场的转场效果

5. 遮挡镜头转场

遮挡镜头转场也称为"转身过场"，即首先拍摄一个主体朝镜头运动的迎面镜头，直至该主体的形象完全将镜头遮蔽，画面呈现为黑屏；然后拍摄另一场景中主体逐渐远离镜头的画面，或者接其他场景的镜头，来形成场景的自然过渡。遮挡镜头转场能对画面主体起到强调和扩张的作用，给人以强烈的视觉冲击；能够为情节的继续发展创造悬念；能使画面的节奏变得更加紧凑。图4-22所示为使用遮挡镜头转场的转场效果。

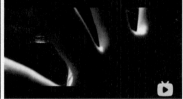

图4-22　使用遮挡镜头转场的转场效果

6. 长镜头转场

长镜头转场是指利用长镜头中场景的宽阔和纵深来实现自然的转场。长镜头具有拍摄距离和景深方面的优势，再配合摄像机的推、拉、摇、移等运动形式，就可以实现从一个场景空间自然过渡到另一个场景空间的变化。图4-23所示为使用长镜头转场的转场效果。

7. 声音转场

声音转场是指前一场景的声音向后一场景延伸，或后一场景的声音向前一场景延伸，从而实现场景的自然过渡。声音转场的形式包括利用画面中人物的对话或台词转场、利用旁白转场、利用音乐或音响转场等。

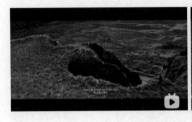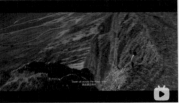

图4-23　使用长镜头转场的转场效果

 短视频声音处理

声音是短视频中的听觉元素，它极大地丰富了短视频的内涵，并增强了短视频的表现力和感染力。声音具有传达信息、刻画人物、塑造形象、参与叙事、烘托环境氛围等作用。声音可以使短视频的视觉空间得到延伸，进而形成丰富的时空结构与更加复杂的语言形式。

4.4.1　声音的特性

我们可以根据感觉分析出声音的若干特性，这些特性是我们在日常生活中所熟悉的。

1. 音量

人们之所以能够听到声音，是因为空气的振动。空气振动的幅度使人们产生了音量感。短视频创作者经常在音量上做文章，例如拍摄说话柔声细气的人和说话粗声大气的人之间的对话场景。

音量能够体现速度感。音量越大，给人的速度感越强烈，听众就越感到紧张。音量也可以影响观众对声源距离的感受，音量越大，观众会觉得声源越近。

2. 音高

音高由发声体的振动频率决定，振动频率越快，声音就越高，反之声音就越低。

3. 音色

一种声音中的各种要素使其具有特殊的色彩或品质，这被音乐家称为音色。我们说某个人说话鼻音重，或者说某种乐音清亮，都是指音色。通过音色，我们可以区别各种乐器。

音量、音高和音色常常结合在一起，共同影响短视频中的声音。这3种特性结合在一起，极大地丰富了观众对短视频的观看体验。

4.4.2　声音的类型

现实生活中，声音可以分为人声、自然音响和音乐。短视频作品的创作源于生活，因而短视频作品中的声音也有3种表现形式：人声、音响和音乐。3种声音功能各异，人声以表意和传递信息为主，音响以表现真实为主，音乐以表达情感为主。在短视频作品中，它们虽然形态不同，但相互联系、相互融合，共同构筑起完整的短视频声音空间。

1. 人声

人声是人们自我表达和交流思想感情的主要工具。对人声的音调、音色、力度、节奏等元素的综合运用，有助于塑造短视频作品中人物的性格、形象。

短视频作品中的人声又称为语言，包括对白、旁白、独白、解说等。人声与镜头有机结合，能够起到叙述内容、揭示主题、表达情感、刻画人物性格、扩充画面信息量、展开故事情节等作用。

2. 音响

音响也称为效果声，它是短视频作品中除了人声和音乐之外的所有声音的统称。在短视频中，各种音响以其各自不同的特性构成特殊的听觉形象，发挥增添生活气息、烘托环境、渲染气氛、推动情节发展、创造节奏等功能，增强了短视频作品的艺术效果。短视频作品中的音响可以是自然的，也可以是人工模拟的。

3. 音乐

短视频音乐是指专门为短视频作品创作的音乐，或者选用现有的音乐编配而成的音乐。

短视频音乐不同于独立形式的音乐，从短视频音乐的结构、音效形态、表现手段等方面来看，其具有自身的艺术特征。短视频音乐是短视频作品的重要组成部分。

4.4.3　声音的录制与剪辑方式

声音录制方式不同，声音剪辑方式也不相同。

1. 先期录音

先期录音大多数是比较完整的音乐或唱段，因此对这种声音的剪辑一般是在短视频拍摄完成之后，按照声音的时长来剪辑视频画面。

2. 同期录音

同期录音与视频画面是同步的、对应的，因此，对这种声音的剪辑应该是与对视频画面的剪辑同时进行的。

3. 后期配音

后期配音通常是在视频画面的基本剪辑完成之后配制的。

4.4.4　短视频音乐选择技巧

完成短视频的剪辑处理后，为短视频添加音乐是大部分创作者都比较头痛的事。因为音乐的选择是一件很主观的事情，它需要创作者根据视频的内容主旨、整体节奏来选择，没有固定的标准。下面向大家介绍短视频音乐选择的一些注意事项。

1. 注意整体节奏

除了注重情节的叙事类短视频，大部分短视频的节奏和情绪都是由音乐来带动的。

为了使音乐与短视频内容更加契合，在进行短视频剪辑时，创作者最好先进行简单粗剪，然后分析短视频的节奏，再根据整体的感觉去寻找合适的音乐。视频画面节奏和音乐的匹配度越高，画面会越"带感"。

TIPS 小贴士

> 每段音乐都有自己独特的情绪和节奏，为了创作出更好的短视频作品，创作者还需要培养自己对音乐节奏感的把握能力。

2. 把握情感基调

在进行短视频拍摄时，创作者要清楚地知道短视频表达的主题及想要传达的情绪：表达的是什么？是无厘头的搞笑内容，还是舒缓解压的内容？

先弄清楚情绪的整体基调，才能进一步根据短视频中的人、事及画面选择合适的音乐。

例如如果拍摄的是风景类短视频，可以选择一些大气磅礴的音乐，或者一些具有传统文化韵味的音乐；如果拍摄的是生活美食类短视频，则可以选择一些节奏欢快的音乐。

3. 寻找准确的音乐

一般来讲，短视频音乐的准确选择需要以创作者敏锐的听觉及丰富的经历做支持，因此创作者需要多听、多想、多培养感觉。例如，创作者可以通过QQ音乐和网易云音乐的歌单来查找所需音乐，或者在一些专业的免费音乐曲库中进行定向查找。

4. 不要让音乐喧宾夺主

音乐对于整个短视频起着画龙点睛的作用，但是创作者在选择音乐时要记住，音乐一定不能喧宾夺主。图4-24所示为"日食记"创作的美食类短视频的截图。该短视频在背景音乐的选择上以舒缓的轻音乐为主，整体给人的感觉是非常治愈的。

图4-24 "日食记"的美食类短视频截图

4.5 把握短视频节奏

节奏由运动产生，不同的运动状态会产生不同的节奏。短视频最本质的特征是运动，这种运动包括画面中各元素的运动、摄像机的运动、声音的运动、剪辑产生的运动，以及所有元素作用于人的心理层面产生的运动和变化。这些运动的快慢组合、频率交替设置，形成了每部短视频作品独特的节奏。

4.5.1 短视频节奏分类

短视频节奏包括内部节奏和外部节奏，它是叙事性内部节奏和造型性外部节奏的有机统一，二者的高度融合构成了短视频作品的总节奏。

1. 内部节奏

内部节奏是由剧情发展的内在矛盾冲突和人物内心情感变化而形成的节奏。它是一种故事节奏，往往通过戏剧动作、场面调度、人物内心活动来体现。内部节奏决定着短视频作品的整体风格。

2. 外部节奏

外部节奏是由镜头本身的运动及镜头转换的频率所形成的节奏，它往往通过镜头运动、剪辑方式等来体现。图4-25所示为通过镜头运动来表现出景物切换节奏。

图4-25 通过镜头运动来表现出景物切换节奏

3. 内部节奏与外部节奏的关系

内部节奏直接决定着外部节奏的变化，外部节奏往往反过来影响内部节奏的演变。二者之间是一种辩证统一的关系。一般情况下，短视频作品的外部节奏与内部节奏应该保持一致、相互协调。

任何一部短视频作品都有一个整体的节奏，即总节奏。它存在于剧本或脚本里，体现在叙事结构的变化之中，成型于拍摄与剪辑之上。创作者通过内部节奏和外部节奏的合理处理，完成对总节奏的强化，以影响、激发、引导、调控观众的情绪变化和心理感受，使观众获得艺术享受。

4.5.2 短视频节奏剪辑技巧

在短视频的后期剪辑处理中，剪辑节奏对总节奏的最终形成起着关键作用。所谓剪辑节奏，是指运用节奏剪辑技巧，对短视频作品中镜头的长短、数量、顺序等进行有规律的安排所形成的节奏。常用的短视频节奏剪辑技巧主要有以下7种。

1. 依据内容调整节奏

短视频的题材、内容、结构决定着其整体节奏，剪辑节奏也就是镜头组接的节奏。短视频后期剪辑手法多种多样，不同的剪辑手法会产生不同的节奏效果。合理安排镜头的剪辑频率、排列方式、长短、轴线规则等，可以有效调整作品段落的不同节奏。例如，创作者可以运用重复的剪辑手法，突出重点，强化节奏；还可以运用删除的剪辑手法，精简篇幅，控制节奏，以符合整体节奏的要求。

2. 协调人物动态

人物动作幅度、力度、速度的变化，都会引起剧情节奏起伏、高低、强弱、快慢的变化。对于主体运动过程太长的镜头，创作者可以通过快动作镜头加以删减，以加快叙事的进程；对于一些表现心理活动的长时间的情节，创作者可以通过慢镜头实现情绪的表达。动作节奏的把握要根据特定的情节和人物性格而定。对人物动作进行合理的选择、安排和协调，可使动作镜头组接的节奏既符合生活真实感的表达，又能强化艺术感染力。

3. 合理利用造型元素

对短视频进行剪辑处理时，创作者可通过调整造型元素来营造新的节奏感，如进行合理的景别切换、角度选择、线条运用、色彩改变及光影明暗对比调整等，进而获得符合艺术表现的视觉节奏。一般来说，全景系列镜头信息量大，需要的镜头就相对较长；近景系列镜头信息量少，需要的镜头就相对较短。例如，将从全景到特写的系列镜头组接在一起，视觉节奏会加快；反之，将从特写到全景的系列镜头组接在一起，视觉节奏会变慢。因此，创作者可通过不同景别镜头的灵活组接，来营造出与剧情发展相适宜的视觉节奏。图4-26所示为通过不同镜头的剪辑处理体现出短视频的节奏感。

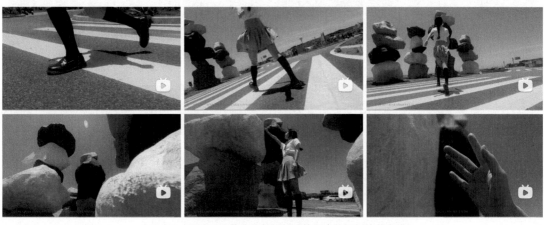

图4-26　通过不同镜头的剪辑处理体现出短视频的节奏感

4. 准确处理时空关系

在短视频剪辑处理过程中，创作者要把握好镜头之间的时空关联性。为了避免产生突兀感，时空的转换通常在不同场景的镜头之间进行。创作者可通过景物镜头的淡入淡出、叠化这类技巧性处理，来确保不同时空的镜头缓慢自然过渡，使前后节奏平稳。对于一些动作性较强的情节段落，创作者可利用动作的一致性或相似性，借助动作在时间和空间上的延续性，通过"动接动"直切的连接方式，创造出一种平滑的过渡效果。对于特别紧张的情节，创作者可以运用交叉蒙太奇的剪辑方法，把同一时间在不同空间发生的两种或两种以上的动作交叉剪接，构成一种紧张的气氛和强烈的节奏感，以产生惊险的戏剧效果。在图4-27的短视频中，创作者通过镜头的运动与不同场景镜头的叠化处理，很好地实现了不同场景镜头之间的自然过渡。

图4-27　通过镜头的运动与不同场景镜头的叠化处理来实现自然过渡

5. 灵活组接运动镜头

运动镜头的变化最能体现出节奏的变化。在短视频剪辑过程中，创作者要灵活调控镜头运动的各种状态、形态、方式，如利用镜头运动的速度、方位、角度变化来加快或延缓节奏。图4-28所示为运用不同的镜头方位和角度拍摄的画面。

图4-28　运用不同的镜头方位和角度拍摄的画面

6. 巧妙处理镜头转场

镜头转场的方法很多，创作者可以采用有技巧转场，也可以采用无技巧转场。一般来说，利用有技巧转场，会使节奏舒缓；而运用无技巧转场，会使节奏加快。不管采用何种镜头转场，都要与短视频作品所要求的节奏相适应。

7. 充分运用声音元素

相对于画面节奏，声音节奏更容易被感知，渲染性更强，也更容易让观众产生共鸣。创作者要充分利用声音节拍、速度、力度的变化所形成的韵律，来强化短视频的节奏。

 小贴士

　　配乐是音乐剪辑的重要内容之一，创作者要围绕短视频内容对音乐进行分割或重组，音乐的旋律应该与镜头的长度相适应。

影响短视频节奏的因素有很多，那么创作者应该运用何种剪辑手段来营造一部短视频作品、一个段落或一组镜头的节奏呢？总的原则是以短视频作品的内容特色、风格样式、主体情绪和剧情为依据，最终目的是增强短视频作品的艺术表现力和感染力。

4.6　色调的分类与处理标准

色调是由一种色彩或几种相近的色彩所构成的主导色，是创作者在色彩造型与表现方面为短视频所配置的基本色彩。色调直接影响观众的心理情绪，它是传达主题、烘托气氛和表达情感的有力手段。

4.6.1　色调的分类

短视频的色调由不同的镜头画面色调、场景色调等按一定的布局比例构成。起主导作用的色调为主色调，又叫基调。根据不同的标准，短视频色调主要有以下4种划分形式。

1. 按色相划分

按色相划分，色调可以分为红色调、黄色调、绿色调、蓝色调等。图4-29所示为蓝色调的短视频画面效果。

图4-29　蓝色调的短视频画面效果

2. 按色彩冷暖划分

按色彩冷暖划分，色调可以分为暖色调、冷色调和中间色调。暖色调由红色、橙色、黄色等暖色构成，适宜表现热情、奔放、欢快、温暖的内容，如图4-30所示。冷色调由青色、蓝色、蓝紫色等冷色构成，适宜表现恬静、低沉、淡雅、严肃的内容，如图4-31所示。中间色调由黑色、白色、灰色等色彩构成，适宜表现凝重、恐怖或与死亡相关的内容，如图4-32所示。

图4-30　暖色调的短视频画面效果

图4-31　冷色调的短视频画面效果

图4-32　中间色调的短视频画面效果

3. 按色彩明度划分

按色彩明度划分，色调可以分为亮调、暗调。图4-33所示为亮调的短视频画面效果，图4-34所示为暗调的短视频画面效果。

图4-33　亮调的短视频画面效果

图4-34　暗调的短视频画面效果

4. 按心理因素划分

按心理因素划分，色调可以分为客观色调和主观色调。客观色调是客观事物所具有的色调；主观色调是人们对色彩的一种心理感受，它并不一定符合真实事物的色彩，而往往是创作者根据短视频作品的主题或人物具有的内心感受所创造的一种非现实的色调倾向。

图4-35所示为主观色调的短视频画面效果，正如短视频的名称"无彩"一样，短视频画面采用黑白色调，主人公通过偶然发现的一张彩色照片去寻找心中的彩色世界。

图4-35　主观色调的短视频画面效果

4.6.2　色调的处理标准

色调处理可以在拍摄阶段完成，也可以在后期剪辑阶段完成。创作者可以通过剪辑软件的调色功能来实现对短视频画面的色彩校正和色调调整，进而实现短视频作品整体色调风格的统一。

1. 自然处理方法

自然处理方法主要追求色彩的准确还原，而实现色彩、色调的表现任务处于次要地位。在拍摄过程中，创作者应先选择正常的色温，然后通过调整白平衡来获得真实的色彩。如果拍摄的画面色彩失真，创作者可以在剪辑软件中利用相应的色彩调整命令进行弥补和修正。

2. 艺术处理方法

任何一部短视频作品，都有与主题相对应的总的色彩基调。根据短视频主题和所要表现的基调对短视频画面的色彩进行加工处理，这就是艺术处理。基调的种类有很多，有明快、温情的基调，有平淡、素雅的基调，还有悲情、压抑的基调，等等。色调与色彩一样，具有象征性和寓意性。色调的确定取决于短视频题材、内容、主题的需要，色调处理是否适当对短视频作品的主题揭示、人物情绪表达有直接的影响。

图4-36所示为采用艺术处理方法的视频画面效果，创作者对视频画面的色调和明度进行了调整，使短视频作品表现出复古、文艺的气息。

图4-36 采用艺术处理方法的视频画面效果

TIPS 小贴士

进行适当的色调处理，可使画面色彩的对比度、饱和度、亮暗部细节，以及镜头间色调与影调的衔接等，达到技术和艺术的要求。色调处理不仅能使曝光不佳和出现色偏的画面得到校正和调整，还能使不同场景的影调和色调匹配，使画面的艺术效果得到进一步提升。

4.7 字幕的作用与制作标准

字幕是指显示在短视频作品中的各种用途的文字，也泛指短视频作品中需要后期加工的文字。

4.7.1 短视频字幕的作用

短视频字幕是短视频作品的有机组成部分，是画面、声音的补充和延伸，在短视频作品中具有不可代替的地位和作用。短视频字幕通常有以下两种作用。

1. 标识和阐释作用

字幕可以分为标题性字幕和说明性字幕。

标题性字幕包括标题名称、出品单位、主要演员等。尤其是短视频的标题名称，它是画面构成中重要的视觉元素。好的标题名称富有吸引力，能够揭示主题，加深观众对短视频作品的记忆。图4-37所示为短视频中的标题字幕效果。

图4-37 短视频中的标题字幕效果

说明性字幕包括画面提示、台词、解说、必要的说明、外文同期声的翻译等。对于运用了画外音、解说词，但还不能完全表达清楚内容的片段，说明性字幕可派上用场。短视频中需要强调、解释、说明的内容，通过字幕的阐释，可有效增加信息量。图4-38所示为短视频中的说明性字幕效果。

图4-38　短视频中的说明性字幕效果

2. 造型作用

字幕的造型作用主要体现在字幕的字体、字形、大小、色彩、位置、出入画面的方式及运动形态等方面。短视频字幕作为一种构图元素，除了具有标识、表意、传达信息的作用，还具有美化画面、突出视觉效果的作用。字幕形式要根据短视频的定位、题材、内容、风格样式来设计。字幕的造型、排列和呈现方式要符合短视频的整体风格，做到字符与画面和谐统一，让观众在接收信息的同时，获得不同的视觉享受。图4-39所示为短视频画面中不同风格的标题字幕设计。

图4-39　不同风格的标题字幕设计

4.7.2　为不同类型的短视频字幕选择字体

为短视频的字幕选择合适的字体，不仅可以使短视频的内容表达更加清楚，还可以增强短视频的视觉美感。创作者需要根据短视频的内容及风格来选择合适的字体。下面向大家介绍一些短视频字幕字体的选择方法和技巧。

1. 常用中文字体的选择

常用的中文字体主要有宋体、楷体、黑体等。

宋体棱角分明，一笔一画非常平直，横细竖粗，适合风格偏纪实或比较硬朗、比较酷的短视频，如纪录片类、时尚类、文艺类短视频。图4-40所示为使用宋体作为短视频字幕字体的效果。

图4-40　使用宋体作为短视频字幕字体的效果

楷体属于一种书法字体，分为大楷和小楷等。大楷适用于庄严、古朴、气势雄厚的建筑景观短视频，也适用于传统、复古风格的短视频。图4-41所示为使用大楷作为短视频字幕字体的效果。

图4-41　使用大楷作为短视频字幕字体的效果

TIPS 小贴士

除了楷体，其他书法字体同样适用于气势雄厚的建筑景观短视频和传统、复古风格的短视频。

小楷比较娟秀，适用于山水风光短视频和基调柔和的小清新风格短视频。图4-42所示为使用小楷作为短视频字幕字体的效果。

同样比较适用于小清新风格短视频的还有钢笔字体，该字体纤细清秀，非常适合用来展示短句旁白，如情感类短视频的字幕就非常适合采用这种字体。图4-43所示为使用钢笔字体作为短视频字幕字体的效果。

图4-42　使用小楷作为短视频字幕字体的效果　　图4-43　使用钢笔字体作为短视频字幕字体的效果

还有一些经过特别设计的字体，这类字体都有很强的笔触感，很有挥毫泼墨的感觉，非常适用于风格强烈的短视频。图4-44所示为使用特殊字体作为短视频字幕字体的效果。

图4-44　使用特殊字体作为短视频字幕字体的效果

黑体横平竖直，没有非常强烈鲜明的特点，因此黑体是最百搭、最通用的字体。在无法确定应该为短视频字幕选择何种字体时，选择黑体基本不会出错。图4-45所示为使用黑体作为短视频字幕字体的效果。

图4-45　使用黑体作为短视频字幕字体的效果

2. 常用英文字体的选择

英文字体可以分为衬线字体和无衬线字体。

衬线字体在笔画开始、结束的地方都有额外的修饰，笔画粗细会有差异，使文字给人一种优雅的感觉。衬线字体适用于复古、时尚、小清新风格的短视频。图4-46所示为使用衬线字体作为短视频字幕字体的效果。

图4-46　使用衬线字体作为短视频字幕字体的效果

无衬线字体是相对于衬线字体而言的。无衬线字体的每一个笔画结构都保持一样的粗细比例，没有任何修饰。与衬线字体相比，无衬线字体显得更为简洁、富有力度，给人一种轻松、休闲的感觉。无衬线字体很百搭，比较适合冷色调的短视频和未来感、设计感较强的短视频。图4-47所示为使用无衬线字体作为短视频字幕字体的效果。

图4-47　使用无衬线字体作为短视频字幕字体的效果

除非是短视频主题内容需要，否则尽量不要使用装饰性太强的字体。刚入门的创作者往往喜欢选择一些花哨的字体，但是越花哨的字体越容易让人产生"档次不高"的感觉，因此刚入门的创作者要谨慎使用花哨的字体。

4.7.3　短视频字幕排版设计技巧

完成短视频字幕字体的选择后，创作者就需要考虑将字幕放置在短视频画面的什么位置比较好。

TIPS 小贴士

从优秀的短视频作品中可以看出，标题字幕的设计是非常丰富多变的。对于文字的大小、粗细、间距及字体，不同的搭配会产生不同的效果。

设置标题字幕时，人们常会选用比较大的字号。如果使用大字号，并且标题字幕中包含多行文字，那么创作者可以将标题文字的行距加大，以免文字挤在一起。图4-48所示为使用大字号标题字幕的短视频画面效果。

图4-48　使用大字号标题字幕的短视频画面效果

如果使用小字号标题字幕，创作者可以适当加大字距。图4-49所示为使用小字号标题字幕的短视频画面效果。

如果标题字幕只有一行文字，那么可以放置在短视频画面的居中位置或最下方。图4-50所示为字幕放置在短视频画面居中位置的效果。

图4-49　使用小字号标题字幕的短视频画面效果　　图4-50　字幕放置在短视频画面居中位置的效果

如果短视频画面中有多行文字，创作者可以适当增大行距，使文字均匀分布。同时，创作者需要注意，行距要大于字距，也就是文字行与行之间的距离要大于字与字之间的距离，这样能够保证一行文字的完整性。图4-51所示为多行字幕的短视频画面效果。

图4-51　多行字幕的短视频画面效果

创作者还可以对字幕进行其他的一些细节设计，例如，使用字号差异较大的文字进行搭配，如图4-52所示；也可以加大字距，使字幕更具有设计感，如图4-53所示。

图4-52　使用字号差异较大的文字进行搭配　　　　图4-53　加大字距

短视频中的旁白字幕通常位于画面的下方，如果把旁白字幕换个位置，就会让人产生不一样的新鲜感，如图4-54所示。竖向的文字排版方式适用于复古、文艺、小清新风格的短视频，如图4-55所示。

图4-54　调整旁白字幕的位置　　　　　　　图4-55　文字竖向排版

　　另外，创作者还需要注意字幕与短视频背景的区分，可以使用与背景不同的颜色或适当给文字增加阴影，以突出字幕的表现效果。图4-56所示为通过文字颜色与背景颜色的对比来突出字幕的表现效果。

图4-56　通过文字颜色与画面背景颜色的对比来突出字幕的表现效果

 本章小结

　　完成了前期拍摄之后，创作者就需要对所拍摄的短视频素材进行后期剪辑处理，良好的后期剪辑处理可以使短视频作品的视觉表现更加出色。本章主要介绍的是短视频后期剪辑处理的理论知识。通过对本章内容的学习，读者能够理解短视频后期剪辑处理的原则、思路和方法等，并能够在短视频剪辑处理过程中应用相应的理论知识。

第5章

使用"抖音"App制作短视频

短视频行业的发展越来越迅速，各大互联网公司对此十分重视，纷纷推出了自己的短视频平台，各大媒体纷纷从图文转向到短视频。那么，短视频要如何拍摄，如何突出重点呢？

本章将以"抖音"短视频平台为例，讲解短视频的拍摄、剪辑、效果处理和发布等相关内容，使读者能够理解并掌握短视频拍摄与剪辑的方法和技巧。

5.1 使用"抖音"App拍摄短视频

创作者在短视频平台除了可以观看其他用户拍摄上传的短视频作品之外，还可以自己拍摄并上传短视频作品。接下来介绍如何使用"抖音"App拍摄短视频。

5.1.1 拍摄短视频

"抖音"是一款可以拍摄音乐创意短视频的移动社交App，用户可以通过该App选择音乐，拍短视频，形成自己的作品。

打开"抖音"App，点击界面底部的加号图标，如图5-1所示，即可进入短视频拍摄界面，如图5-2所示。

图5-1 点击加号图标　　　　　图5-2 短视频拍摄界面

界面底部提供了不同的拍摄功能，包括"发图文""分段拍""快拍""模板""开直播"。

点击底部的"发图文"，即可切换到素材选择界面，可以选择手机中存储的一张或多张图片，如图5-3所示，快速发布图文短视频。

点击底部的"分段拍"，即可切换到"分段拍"模式，如图5-4所示。在该模式中允许拍摄时长为15秒、60秒和3分钟的短视频。选择所需要的拍摄时长，按住界面底部的红色圆形图标不放，即可开始短视频的拍摄。当到达所选择的时长后，短视频的拍摄将自动停止。

点击底部的"模板"，可以切换到"模板"模式。"抖音"App为用户提供了多种类型的影集模板，如图5-5所示，使用影集模板可以快速创作出同款短视频。

点击底部的"开直播"，可以切换到直播模式，可以开启"抖音"App的直播功能，如图5-6所示。

进入短视频拍摄界面，默认为"快拍"模式，在该模式中包含4个选项卡。在"快拍"模式界面中，点击"视频"，再点击界面底部的红色圆形图标，可以拍摄时长为15秒的短视频，如图5-7所示；点击"照片"，切换到照片拍摄状态，点击界面底部的白色圆形图标，可以拍摄照片，如图5-8所示；点击"时刻"，切换到时刻拍摄状态，可以拍摄2分钟以内的短视频，记录当前时刻的内容，如图5-9所示，短视频发布后，抖音密友会在第一时间获得消息提醒；点击"文字"，可以切换到文字输入界面，如图5-10所示，可以输入文字，制作纯文字的短视频。

图5-3 "发图文"模式

图5-4 "分段拍"模式

图5-5 "模板"模式

图5-6 "直播"模式

图5-7 拍摄短视频

图5-8 拍摄照片

图5-9 拍摄时刻内容

图5-10 文字输入界面

5.1.2 使用拍摄辅助工具

"抖音"App在短视频拍摄界面的右侧为用户提供了多个拍摄辅助工具，分别是"翻转""闪光灯""设置""倒计时""美颜""滤镜""扫一扫""快慢速"，如图5-11所示。这些工具可以有效地辅助用户进行短视频的拍摄。

1. 翻转

现在几乎所有智能手机都具有前后双摄像头，前置摄像头主要用于视频通话和自拍。在使用"抖音"App进行短视频拍摄时，只需要点击短视频拍摄界面右侧的"翻转"图标，即可切换拍摄所使用的摄像头，从而方便用户进行自拍。

2. 闪光灯

图5-11 拍摄辅助工具

在昏暗的环境中进行短视频拍摄就需要灯光的辅助，"抖音"App在短视频拍摄界面中为用户提供了闪光灯辅助照明的功能。

在短视频拍摄界面中点击右侧的"闪光灯"图标，即可开启手机自带的闪光灯，默认情况下该功能为关闭状态。

3. 设置

点击短视频拍摄界面右侧的"设置"图标，界面底部会显示拍摄设置选项，如图5-12所示。"最大拍摄时长（秒）"用于设置"快拍"模式拍摄短视频的最大时长；开启"使用音量键拍摄"功能，可以通过按手机音量键实现短视频的拍摄；开启"网格"功能，可以在界面中显示网格参考线，如图5-13所示。

图5-12　显示拍摄设置选项　　图5-13　显示网格参考线

4. 倒计时

"倒计时"功能可以实现自动暂停拍摄，从而方便用户设计多个拍摄片段，并且可以通过设置拍摄时间来卡点音乐节拍。

点击短视频拍摄界面右侧的"倒计时"图标，界面底部会显示倒计时相关选项，如图5-14所示。

右上角有两种倒计时时长供用户选择，分别是3秒和10秒，拖动时间线可以调整所需要拍摄的短视频的时长，如图5-15所示。

点击"开始拍摄"按钮，开始倒计时，如图5-16所示，完成倒计时之后自动开始拍摄，到设定的时长后自动停止拍摄。

图5-14　显示倒计时选项　　　图5-15　设置相关选项　　　　　　图5-16　开始倒计时

5. 美颜

许多短视频创作者在拍摄短视频时对美颜功能十分看重，下面介绍如何使用"抖音"App提供的短视频拍摄美颜功能。

点击短视频拍摄界面右侧的"美颜"图标,界面底部会显示内置的美颜选项,包含"磨皮""瘦脸""大眼""清晰""美白""小脸""窄脸""瘦颧骨""瘦鼻""嘴形""额头""口红""腮红""立体""白牙""黑眼圈""法令纹"等,如图5-17所示。

点击一种美颜选项,即可为被摄对象应用该美颜效果,并且可以通过拖动滑块来调整该美颜效果的强弱,如图5-18所示。点击"重置"选项,可以将所应用的美颜效果重置为默认的设置。

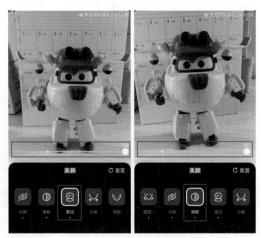

图5-17　显示美颜选项　　　　　　图5-18　应用美颜效果

TIPS 小贴士

短视频拍摄界面中提供的美颜功能主要是针对人物脸部起作用,对于其他被摄对象几乎不起作用。

6. 滤镜

在短视频拍摄过程中,创作者还可以为镜头添加滤镜效果,从而使拍摄出来的短视频具有明显的风格化效果。

点击短视频拍摄界面右侧的"滤镜"图标,界面底部会显示内置的滤镜选项,包含"人像""日常""复古""美食""风景""黑白"6种类型的滤镜,如图5-19所示。在滤镜类别中点击任意一个滤镜选项,即可在界面中看到应用该滤镜的效果,并且可以通过拖动滑块控制滤镜效果的强弱,如图5-20所示。

点击"管理"选项可以切换到滤镜管理界面,在这里可以设置每个类别中相关滤镜的显示与隐藏,可以将常用的滤镜显示,将不常用的滤镜隐藏,如图5-21所示。

图5-19　显示滤镜选项　　　图5-20　应用滤镜效果　　　图5-21　管理滤镜选项

点击滤镜分类选项左侧的"取消"图标，可以取消为镜头应用的滤镜效果。

7. 扫一扫

点击短视频拍摄界面右侧的"扫一扫"图标，显示扫一扫界面，如图5-22所示，可以选择使用摄像头扫描二维码，也可以选择从相册选择图片识别二维码。

8. 快慢速

在拍摄短视频时，快慢镜头是创作者经常用到的一种手法，以形成突然加速或突然减速的视频效果。在"抖音"App中可以通过"快慢速"功能来控制拍摄的速度。点击短视频拍摄界面右侧的"快慢速"图标，界面中会显示快慢速选项，默认为"标准"速度，如图5-23所示。

图5-22　扫一扫界面　　　　图5-23　显示快慢速选项

"抖音"App为用户提供了5种拍摄速度。用户可以选择一种速度进行拍摄，在拍摄过程中可以随时暂停，再切换为另一种速度进行拍摄，这样就可以获得在短视频的不同部分表现出不同速度的效果。

5.1.3　使用道具拍摄

使用"抖音"App拍摄短视频时还可以使用道具，合理地使用道具能够拍摄出生动有趣、颇具创意的视频效果。

打开"抖音"App，点击界面底部的加号图标，进入短视频拍摄界面，点击界面左下方的"道具"图标，如图5-24所示，界面底部会显示"抖音"App内置的热门道具，点击某个道具选项即可预览应用该道具的效果，如图5-25所示。点击界面底部右侧的放大镜图标，可以在界面底部显示内置的多种不同类型的道具，如图5-26所示。

图5-24　点击"道具"图标　　图5-25　预览应用道具效果　　图5-26　显示多种不同
类型的道具

　　许多内置道具都需要针对人物脸部才能够识别和使用，例如，"头饰""扮演""美妆""变形"等
类别中的道具。这种情况下，可以点击界面右上角的"翻转"图标，使用手机前置摄像头进行自拍，即可
使用相应的道具。

　　选择某个自己喜欢的道具选项，点击"收藏"图标，可以将所选择的道具加入"我的"选项卡，
如图5-27所示，便于下次使用时快速找到。如果不想使用任何道具，可以点击道具选项栏最左侧的
"取消"图标，如图5-28所示，即可取消道具的使用。

图5-27　查看收藏的道具　　　图5-28　取消道具的使用

5.1.4　分段拍摄

　　使用"抖音"App进行短视频拍摄时，可以一镜到底持续地拍摄，也可以使用"分段拍"模式，
在拍摄过程中暂停，转换镜头后再继续拍摄。例如，如果要拍摄瞬间换装的短视频，可以在拍摄过程
中暂停拍摄，更换衣服后再继续拍摄。

　　打开"抖音"App，点击界面底部的加号图标，进入短视频拍摄界面，点击界面底部的"分段
拍"，切换到"分段拍"模式，如图5-29所示。

　　点击界面底部的红色圆形图标，即可开始短视频的拍摄，如图5-30所示。

可以选择需
要拍摄的时
长，默认为
15秒

显示拍摄
时间进度

图5-29　切换到"分段拍"模式　　　　　　图5-30　开始短视频拍摄

TIPS 小贴士

"分段拍"模式为用户提供了 3 种短视频时长选项，分别是 15 秒、60 秒和 3 分钟，点击相应的图标即可选择所要拍摄的时长。

在拍摄过程中点击界面底部的红色正方形图标，即可暂停短视频的拍摄，从而获得第1段视频素材，并且界面底部的圆形会显示红色的拍摄进度条。如果点击"删除"图标，可以将刚拍摄的第1段视频素材删除，如图5-31所示。

使用相同的操作方法可以拍摄第2段视频素材。如果要结束短视频的拍摄，可以点击对号图标，如图5-32所示，或者到达所选择的时长时，拍摄会自动停止，并自动切换到短视频编辑界面，播放刚刚拍摄的短视频，如图5-33所示。

点击该图
标，可以
删除刚拍
摄的视频
素材

点击该图
标，可以
在当前时
间结束短
视频拍摄

图5-31　完成第1段视频　　　图5-32　继续拍摄视频素材　　　图5-33　短视频编辑界面
　　　　　素材的拍摄

如果需要直接发布短视频或保存草稿，可以点击界面底部的"下一步"按钮，切换到发布界面，如图5-34所示。在该界面可以选择将所拍摄的短视频直接发布或者保存到草稿箱中。

完成短视频的拍摄后，可以先将其保存为草稿，方便后期进行剪辑处理。在发布界面中点击"存草稿"按钮，即可将短视频保存到草稿箱中。进入"抖音"App中的"我"界面，在"作品"选项卡中点击"草稿"选项，进入"草稿箱"界面，如图5-35所示。

在"草稿箱"界面中点击需要剪辑的短视频，可以再次切换到发布界面，可以通过右侧的相关功能图标对短视频进行剪辑和效果处理，点击左上角的"返回"图标，在弹出的菜单中可以选择相应的操作，如图5-36所示。

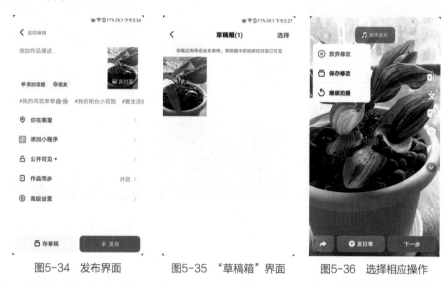

图5-34　发布界面　　　　图5-35　"草稿箱"界面　　　　图5-36　选择相应操作

5.1.5　分屏合拍

"抖音"App中的合拍功能可以在一个视频界面中同时显示他人拍摄的多个视频，该功能满足了很多用户想和自己喜欢的人合拍的心愿。

打开"抖音"App，找到需要合拍的视频，点击界面右侧的"分享"图标，如图5-37所示。界面下方会显示相应的分享功能图标，点击"合拍"图标，如图5-38所示。处理完成后自动进入分屏合拍界面，默认为上下分屏，如图5-39所示。

图5-37　点击"分享"图标　　　图5-38　点击"合拍"图标　　　图5-39　分屏合拍界面

点击界面右侧的"布局"图标，界面底部会显示布局选项，点击"左右布局"图标，即可切换到左右布局的分屏合拍方式，如图5-40所示。点击"浮动窗口布局"图标，即可切换到浮动窗口布局的分屏合拍方式，如图5-41所示。点击"上下布局"图标，即可切换到上下布局的分屏合拍方式。

完成分屏窗口的布局设置之后，在屏幕空白处点击即可确认设置，点击底部的红色圆形图标，即可开始分屏合拍，如图5-42所示。

图5-40　左右布局分屏　　　图5-41　浮动窗口布局分屏　　　图5-42　开始分屏合拍视频

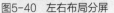

TIPS 小贴士

浮动窗口布局中的浮动窗口显示的是需要合拍的短视频，在该界面中可以拖动调整浮动窗口的位置。

5.2 在"抖音"App中导入素材

创作者不仅可以使用"抖音"App拍摄短视频，还可以导入手机中的素材到"抖音"App中进行处理，再发布短视频。

5.2.1　导入手机相册素材

进入"抖音"App的短视频拍摄界面，点击右下角的"相册"图标，如图5-43所示。进入素材选择界面，选择"视频"选项卡，选择需要导入的视频素材，如图5-44所示。点击"下一步"按钮，进入视频效果编辑界面，自动播放导入的视频，如图5-45所示。

图5-43　点击"相册"图标　　　图5-44　选择视频素材　　　图5-45　预览视频素材

点击视频效果编辑界面右上角的"剪裁"图标，进入视频素材剪裁界面，如图5-46所示。

拖动视频素材黄色边框的左端或右端，即可对该视频素材进行裁剪操作，如图5-47所示。在时间轴区域左右滑动，可以调整播放头的位置，如图5-48所示。

将播放头移至需要分割的位置，点击底部工具栏中的"分割"图标，可以在当前位置对视频素材进行分割操作，如图5-49所示。

  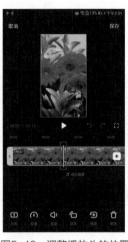 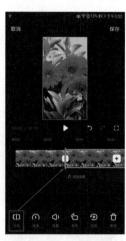

图5-46　视频素材剪裁界面　　图5-47　拖动黄色边框　　图5-48　调整播放头的位置　　图5-49　分割视频素材

点击底部工具栏中的"变速"图标，界面底部会显示变速设置选项，如图5-50所示，支持最低0.1倍速、最高100倍速变速。

点击底部工具栏中的"音量"图标，界面底部会显示音量设置选项，如图5-51所示，可以拖动滑块设置视频素材中音乐（如果有）的音量大小。

点击底部工具栏中的"旋转"图标，可以将视频素材按顺时针方向旋转90°，如图5-52所示。

点击底部工具栏中的"倒放"图标，会自动对视频素材进行处理，实现视频素材的倒放效果，如图5-53所示。

图5-50　显示变速设置选项　　图5-51　显示音量设置选项　　图5-52　旋转视频素材　　图5-53　倒放视频素材

对视频素材进行分割后，可以选择不需要的视频片段，点击底部工具栏中的"删除"图标即可删除。

完成对视频素材的剪裁操作之后，点击界面右上角的"保存"按钮即可保存操作，并返回视频效果编辑界面。

5.2.2　使用"一键成片"功能制作短视频

用户使用"抖音"App中的"一键成片"功能，能够对所选择的素材进行智能分析并推荐合适的模板，几乎不需要特别的设置和操作即可快速完成短视频的制作，非常方便、快捷，获得不错的视觉效果。

实战　使用"一键成片"功能制作短视频

最终效果：资源 \ 第 5 章 \5-2-2.mp4
视频：视频 \ 第 5 章 \ 使用"一键成片"功能制作短视频 .mp4

01. 打开"抖音"App，点击界面底部的加号图标，进入短视频拍摄界面，点击界面底部的"模板"，切换到模板界面，如图5-54所示。点击"一键成片"选项，在弹出的素材选择界面中，选择多张图片素材，如图5-55所示。

02. 完成图片素材的选择之后，点击界面右下角的"一键成片"按钮，"抖音"App会自动对所选择的图片素材进行分析和处理，并显示进度，如图5-56所示。分析处理完成后，显示处理后的效果，并在界面底部为用户推荐了多款合适的模板，如图5-57所示。

图5-54　模板界面　　图5-55　选择多张图片素材　　图5-56　显示处理进度　　图5-57　推荐多款适合的模板

03. 在界面底部点击推荐的模板，可以预览效果，帮助选择一种合适的模板，如图5-58所示。点击界面右上角的"保存"按钮，可以保存短视频效果并返回视频效果编辑界面，如图5-59所示。

04. 可以使用界面右侧提供的功能图标，为短视频添加文字、贴纸、特效、滤镜和画质增强效果。例如这里点击"画质增强"图标，使短视频的画面色彩更鲜艳一些，如图5-60所示。

图5-58　选择合适的模板　　图5-59　返回视频效果编辑界面　　图5-60　应用"画质增强"效果

05. 点击"下一步"按钮，进入发布界面，如图5-61所示。点击"发布"按钮，即可完成该短视频的发布，可以看到使用"一键成片"功能快速制作的短视频，如图5-62所示。

图5-61　发布界面

图5-62　预览短视频效果

5.3　短视频效果的添加与设置

完成短视频的拍摄之后，创作者可以直接在"抖音"App中对短视频的效果进行设置，可以为短视频添加背景音乐、文字、贴纸、特效、滤镜等，提升短视频的视觉表现效果。

5.3.1　选择背景音乐

"抖音"作为一款音乐短视频App，背景音乐是其中不可缺少的重要元素之一。

进入"抖音"App的短视频拍摄界面，点击界面右下角的"相册"图标，进入素材选择界面，选择"视频"选项卡，选择需要导入的视频素材，如图5-63所示。点击"下一步"按钮，进入视频效果编辑界面，点击界面上方的"选择音乐"按钮，如图5-64所示，界面底部会显示一些推荐的背景音乐，如图5-65所示。

图5-63　选择视频素材

图5-64　点击"选择音乐"按钮

图5-65　显示推荐的音乐

点击"搜索"图标，显示搜索文本框和相关选项，如图5-66所示。可以直接在搜索文本框中输入音乐名称进行搜索，也可以点击"发现更多音乐"选项，显示更多推荐的音乐，如图5-67所示。在音乐列表中点击音乐名称，可以试听并选择该音乐，点击音乐名称右侧的星号图标，可以收藏音乐，如图5-68所示。

图5-66　显示搜索文本框和相关选项　　图5-67　显示"发现音乐"界面　　图5-68　选择音乐

点击"收藏"按钮，切换到"收藏"选项卡，在该选项卡中显示用户收藏的音乐，便于快速使用，如图5-69所示。点击所选择音乐名称右侧的剪刀图标，显示音乐剪取选项，可以左右拖动音乐声谱剪取与短视频时长相等的一段音乐，剪取完成后点击对号图标，如图5-70所示。

点击界面右下角的"音量"按钮，可以显示音量设置选项，如图5-71所示。"原声"选项用于控制视频素材原声的音量大小，"配乐"选项用于控制所选择背景音乐的音量大小，可以通过拖动滑块来调整音量大小。

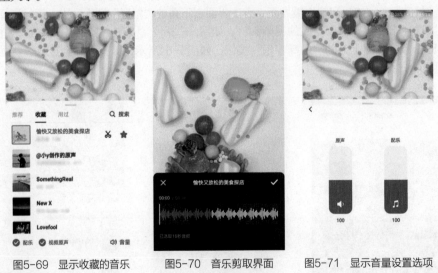

图5-69　显示收藏的音乐　　图5-70　音乐剪取界面　　图5-71　显示音量设置选项

TIPS 小贴士

在剪取音乐时，需要注意声谱的起伏波形并不是根据声音的高低形成的可视化图形。如果视频素材中的原声需要去除，可以在音量设置选项中将"原声"滑块向下滑动，将其设置为 0。

5.3.2 添加文字

进入"抖音"App 的短视频拍摄界面，点击界面右下角的"相册"图标，导入一段视频素材，如图5-72所示。点击"下一步"按钮，进入视频效果编辑界面，点击界面右侧的"文字"图标，如图5-73所示，或者在视频任意位置点击。

界面底部会显示文字输入键盘，直接输入需要的文字内容，并且可以在键盘上方选择一种字体，如图5-74所示。拖动界面左侧的滑块可以调整文字的大小，如图5-75所示。

图5-72 选择视频素材

图5-73 点击"文字"图标

图5-74 选择字体

图5-75 调整文字的大小

点击界面顶部的"对齐方式"图标，可以在3种文字对齐方式之间进行切换，分别是左对齐、居中对齐和右对齐，图5-76所示为文字左对齐效果。

点击界面顶部的"颜色"图标，可以选择一种文字颜色，如图5-77所示。

点击界面顶部的"样式"图标，可以在5种文字样式之间进行切换，分别是黑色描边、圆角纯色背景、直角纯色背景、半透明圆角背景和透明背景，图5-78所示为黑色描边文字样式效果。

点击"文本朗读"图标，可以对添加的文字内容进行自动识别，在视频播放过程中加入文字内容的朗读声音，并且可以选择文本朗读的音色，如图5-79所示。

图5-76 文字左对齐效果

图5-77 点击"颜色"图标

图5-78 黑色描边文字样式
效果

图5-79 选择文本朗读
音色

点击右上角的"完成"按钮，完成文字内容的输入和设置，文字默认位于视频中间位置，按住文字并拖动可以调整文字的位置。

如果需要对文字内容进行编辑，可以点击添加的文字，在弹出菜单中选择相应的选项进行操作，如图5-80所示。

"文本朗读"选项与文字输入界面中的"文本朗读"图标功能相同。

点击"设置时长"选项，界面底部会显示文字时长设置选项，默认添加的文字时长与视频素材的时长相同，可以通过拖动左右两侧的红色竖线图标，调整文字内容在视频中的出现时间和结束时间，如图5-81所示。点击界面右下角的对号图标，完成文字时长的调整。

点击"编辑"选项，可以显示文字输入键盘，对文字内容进行修改，并且可以修改字体、字体样式、对齐方式和文字颜色。

如果需要删除添加的文字内容，可以按住文字不放，在界面底部会出现"删除"图标，如图5-82所示，将文字拖到"删除"图标上即可删除文字。

图5-80　文字编辑选项

图5-81　调整文字时长

图5-82　删除文字

TIPS 小贴士

还可以对添加的文字内容进行缩放和旋转操作。双指捏合，可以缩小文字；双指展开，可以放大文字；双指在屏幕上旋转可以对文字进行旋转操作。

5.3.3　添加贴纸

在"抖音"App中剪辑短视频时，可以为其添加有趣的贴纸，并设置贴纸的显示时长。

在视频效果编辑界面中点击右侧的"贴纸"图标，如图5-83所示。弹出窗口中会显示内置的贴纸，包含多种类型，如图5-84所示。在窗口中点击任意一个需要使用的贴纸，即可在当前视频中添加该贴纸，效果如图5-85所示。

完成贴纸的添加之后，按住贴纸并拖动可以调整贴纸的位置；双指展开，可以放大添加的贴纸；双指捏合，可以缩小添加的贴纸；点击添加的贴纸，会弹出贴纸设置选项；按住贴纸不放，界面底部会出现"删除"图标，将贴纸拖到"删除"图标上即可删除贴纸。这些操作方法与文字的操作方法基本相同，这里不再赘述。

图5-83 点击"贴纸"图标

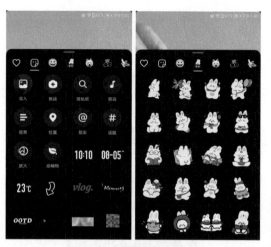
图5-84 多种不同类型的贴纸

图5-85 添加贴纸

5.3.4 发起挑战

如果需要在"抖音" App中发起挑战,可以在视频效果编辑界面点击右侧的"挑战"图标,如图5-86所示。界面中会显示挑战标题输入文本框,可以输入挑战标题,也可以点击"随机主题"选项自动填写随机主题,如图5-87所示。点击邀请抖音好友可邀请其参与挑战,如图5-88所示。点击界面右上角的"完成"按钮,即可完成挑战主题的发起和邀请设置,如图5-89所示。发布短视频后,被邀请的抖音好友将会收到通知。

图5-86 点击"挑战"图标

图5-87 填写挑战主题

图5-88 邀请好友

图5-89 完成挑战设置

5.3.5 使用画笔

在"抖音" App中对短视频的效果进行编辑和设置时,还可以使用画笔工具进行涂鸦绘制,充分发挥自己的创意,创造出独具个性的短视频效果。

在视频效果编辑界面中点击右侧的"画笔"图标,如图5-90所示。进入短视频绘制界面,顶部显示各种绘画工具,底部显示可绘制的颜色,拖动左侧的滑块可以调整画笔大小,如图5-91所示。使用默认的实心画笔,选择一种颜色,用手指在屏幕上涂抹,可以绘制出纯色线条,如图5-92所示。

图5-90 点击"画笔"图标

图5-91 短视频绘制界面

图5-92 绘制纯色线条

选择箭头画笔，用手指在屏幕上涂抹，可以绘制出带箭头的线条，如图5-93所示。选择半透明画笔，用手指在屏幕上涂抹，可以绘制出半透明的线条，如图5-94所示。选择橡皮擦工具，用手指在绘制的线条上涂抹，可以将涂抹部分擦除，如图5-95所示。点击界面左上角的"撤销"按钮，可以撤销之前的绘制。点击界面右上角的"保存"按钮，可以保存绘制的效果并返回视频效果编辑界面，如图5-96所示。如果需要再次编辑绘制效果，可以再次点击视频效果编辑界面右侧的"画笔"图标。

图5-93 绘制带箭头的线条

图5-94 绘制半透明的线条

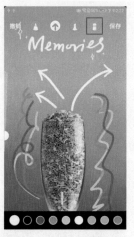
图5-95 擦除不需要的线条

图5-96 保存绘制效果

5.3.6 添加特效

"抖音"App为用户提供了多种内置特效，使用特效能够快速实现许多炫酷的视觉效果，使短视频作品更加富有创意。

在视频效果编辑界面中点击右侧的"特效"图标，如图5-97所示。切换到特效应用界面，其中有"梦幻""转场""动感""自然""分屏""材质""装饰""时间"共8种类别的特效可以选择，拖动白色竖线，可调整开始应用特效的位置，如图5-98所示。

不同特效的应用方式有所区别，可以根据界面中的应用提示进行操作。

切换到"转场"特效类别中，该类别中的特效只需要点击相应的特效缩览图即可应用，例如点击"变清晰"特效缩览图，即在当前位置应用该特效，如图5-99所示，此时应用的是固定时长的特效。

切换到"自然"特效类别中，按住"彩虹光斑"特效缩览图不放，自动播放视频并应用该特效，放开手指时结束特效应用，如图5-100所示，特效的持续时间与按住不放的时间有关。

图5-97　点击"特效"图标　　图5-98　特效应用界面　　　图5-99　点击应用特效　　图5-100　长按不放应用
特效

点击界面右上角的"保存"按钮，可以保存特效设置，返回视频效果编辑界面。如果需要取消刚应用的特效，可以点击"撤销"按钮。

5.3.7　添加滤镜

在视频效果编辑界面中点击右侧的"滤镜"图标，如图5-101所示，界面底部会显示内置滤镜选项，包含"精选""人像""日常""复古""美食""风景""黑白"7种类型，如图5-102所示。与短视频拍摄界面中的滤镜选项相同，点击滤镜选项即可为短视频应用该滤镜，并且可以通过拖动滑块来控制滤镜效果的强弱，如图5-103所示。

图5-101　点击"滤镜"图标　　图5-102　显示滤镜选项　　　图5-103　点击应用滤镜

5.3.8　应用自动字幕

在视频效果编辑界面中点击右侧的"自动字幕"图标，如图5-104所示，自动对短视频中的歌词进行在线识别，识别完成后将自动显示得到的字幕内容，如图5-105所示。

点击"编辑"图标，进入字幕编辑界面，可以对自动识别得到的字幕进行修改，如图5-106所示。修改完成后点击界面右上角的对号图标，返回自动识别字幕界面。

点击"字体"图标，进入字体设置界面，可以设置字体、字体样式和文字颜色，这里的设置与文字输入、界面的设置相同，如图5-107所示。设置完成后点击界面右下角的对号图标，返回自动识别字幕界面。

图5-104　点击"自动　　　　图5-105　自动识别字幕　　　图5-106　修改字幕　　　图5-107　设置文字效果
　　　字幕"图标

TIPS 小贴士

"自动字幕"功能还可以识别视频素材的原声，但原声应尽量是普通话，这样会有比较高的识别准确率。

5.3.9 应用画质增强和变声效果

在视频效果编辑界面中点击右侧的"画质增强"图标，如图5-108所示，可以自动对短视频的整体色彩和清晰度进行适当的调整，从而提高短视频的画质。"画质增强"功能没有设置选项，属于自动调节功能。

在视频效果编辑界面中点击右侧的"变声"图标，如图5-109所示，界面底部会显示变声选项，包含多种类型的声调，如图5-110所示。点击相应的变声选项，即可将该短视频中的声音变成相应的音调效果，从而使短视频更具有个性。

图5-108　应用"画质增强"效果　　　图5-109　点击"变声"图标　　　图5-110　显示变声选项

5.4　短视频的发布

完成短视频剪辑之后，可以进入发布界面。在该界面中可以为短视频设置封面图和相关信息，并发布短视频。

5.4.1　短视频封面与发布设置

默认情况下，App 将使用所制作短视频的第 1 帧画面作为短视频的封面，用户可以根据需要更改封面。例如，将短视频中关键的一帧画面或有趣的画面作为封面。

在视频效果编辑界面中点击右下角的"下一步"按钮，进入发布界面。点击"选封面"按钮，如图 5-111 所示，进入封面选择界面，在视频条上拖动白色方框，可以选择要作为封面的视频画面，如图 5-112 所示。点击"下一步"按钮，切换到封面设置界面，其中提供了"模板"和"文字"两种形式，如图 5-113 所示。

在"模板"选项卡中点击任意一个封面模板缩览图，即可应用该封面模板的效果，如图 5-114 所示。在短视频预览区点击封面模板中的文

图5-111　点击"选封面"按钮

图5-112　选择封面

图5-113　模板和文字形式

图5-114　应用封面模板

字，可以对文字进行编辑，如图 5-115 所示。还可以对文字的字体和颜色等样式进行重新设置，如图 5-116 所示。

点击对号图标，完成文字的修改和设置，切换到"文字"选项卡中，点击"添加文字"按钮，可以在封面模板中添加新的文字内容，如图 5-117 所示。

完成短视频封面的制作之后，点击界面右上角的"保存封面"按钮，返回发布界面，可以看到设置的短视频封面的效果，如图 5-118 所示。

可以在发布界面中为短视频设置话题，这样可以让更多的人看到短视频作品，也可以点击"抖音"App 根据短视频内容自动推荐的话题，如图 5-119 所示。

点击"你在哪里"选项，可以在弹出的定位地址列表中选择相应的定位地点，如图 5-120 所示。设置定位信息，可以使定位附近的人更容易看到你所发布的短视频。

点击"添加小程序"选项，可以在弹出的小程序列表中选择需要在短视频中添加的小程序，如图 5-121 所示。

点击"公开可见"选项，可以在弹出的选项卡中选择短视频发布为公开还是私密等形式，默认为公开形式，如图 5-122 所示。

图5-115 修改封面文字

图5-116 修改封面文字样式

图5-117 点击"添加文字"按钮

图5-118 完成封面设置

图5-119 设置短视频话题

图5-120 设置定位信息

图5-121 添加小程序

图5-122 设置是否公开

图5-123 设置是否同步

点击"作品同步"选项，可以在弹出的选项卡中设置是否将短视频同步到西瓜视频和今日头条，以及是否为原创短视频，如图5-123所示。

点击"发布"按钮，即可将制作好的短视频发布到"抖音"短视频平台中，并自动播放所发布的短视频。点击"存草稿"按钮，可以将制作好的短视频保存到"草稿箱"中。

5.4.2　制作音乐短视频并发布

音乐短视频是"抖音"短视频平台中常见和热门的一种短视频类型，音乐短视频画面的转换与音乐的关键节奏点相契合，使人产生"音画合一"的视觉感受。

实战　制作音乐短视频并发布
最终效果：资源 \ 第 5 章 \5-4-2.mp4
视频：视频 \ 第 5 章 \ 制作音乐短视频并发布 .mp4

01. 打开"抖音"App，点击界面底部的加号图标，进入短视频拍摄界面，点击界面右下角的"相册"图标，如图5-124所示。在弹出的素材选择界面中选择需要导入的多个素材，这里选择的是2段视频和4张图片素材，如图5-125所示。

02. 点击"下一步"按钮，进入视频效果编辑界面，如图5-126所示，"抖音"App会自动为所选择的素材添加音乐并进行音乐卡点。

图5-124　点击"相册"图标　　　图5-125　选择多个素材　　　图5-126　视频效果编辑界面

03. 点击界面顶部的音乐名称，在弹出的推荐音乐列表中可以选择其他推荐的音乐，如图5-127所示。选择不同的音乐，"抖音"App会自动根据音乐对素材进行卡点处理。

04. 点击界面右侧的"剪裁"图标，可以进入素材剪裁界面，在该界面可以看到音乐的卡点位置，并可以手动对每段素材的时长进行调整，如图5-128所示。点击界面右侧的"文字"图标，输入标题文字，选择合适的字体并调整文字大小，如图5-129所示。

05. 点击右上角的"完成"按钮，完成文字的输入，将文字拖动至视频左上角，如图5-130所示。点击文字，在弹出菜单中点击"设置时长"选项，如图5-131所示。进入文字时长设置界面，拖动白色框框左右两端，设置文字持续时间，如图5-132所示。点击界面右下角的对号图标，返回视频效果编辑界面。

06. 点击界面右侧的"特效"图标，进入特效设置界面，切换到"转场"特效类别中，点击"变清晰"特效，在短视频开始位置应用该特效，如图5-133所示。切换到"动感"特效类别中，拖动白色竖线至第1段素材与第2段素材衔接的位置，按住"X-Signal"特效，为素材过渡部分应用该特效，如图5-134所示。

07. 使用相同的制作方法，在其他素材过渡部分应用"X-Signal"特效，如图5-135所示。点击界面右上角的"保存"按钮，保存特效设置，返回视频效果编辑界面。

图5-127 选择合适的音乐   图5-128 素材剪裁界面   图5-129 输入文字并设置

图5-130 调整文字位置   图5-131 点击"设置时长"选项   图5-132 调整文字持续时间

图5-133 应用"变清晰"
特效   图5-134 应用
"X-Signal"特效   图5-135 在其他素材过渡
部分应用"X-Signal"特效

08. 点击界面右侧的"滤镜"图标，进入滤镜设置界面，切换到"复古"滤镜类别中，点击"冷调胶片"滤镜，为短视频应用该滤镜，如图5-136所示。点击界面右侧的"画质增强"图标，增强短视频的显示效果，如图5-137所示。

09. 完成短视频效果设置之后，点击界面右下角的"下一步"按钮，进入发布界面，如图5-138所示。

10. 点击"选封面"按钮，进入短视频封面设置界面，在视频条上拖动白色方框，选择某一帧画面作为短视频封面，如图5-139所示。点击界面右上角的"下一步"按钮，进入封面模板选择界面，如图5-140所示。因为所选的视频画面中已经包含标题文字，所以这里不再选择封面模板。

11. 点击界面右上角的"保存封面"按钮，完成短视频封面设置，返回发布界面，在该界面中设置短视频的话题、位置等信息，如图5-141所示。

图5-136　应用"冷调胶片"滤镜

图5-137　应用"画质增强"效果

图5-138　发布界面

图5-139　选择封面

图5-140　封面模板选择界面

图5-141　设置发布界面中的其他选项

12. 点击"发布"按钮，将制作好的短视频发布到"抖音"短视频平台中，自动播放所发布的短视频，如图5-142所示。

图5-142　成功发布短视频

5.5 本章小结

　　本章详细介绍了使用"抖音"App拍摄、剪辑和发布短视频的完整流程和操作方法。通过对本章内容的学习，读者能够掌握使用"抖音"App拍摄与处理短视频的方法。同时，与"抖音"类似的短视频平台的短视频拍摄与后期处理功能基本类似，读者可以举一反三，掌握其他短视频平台的使用方法。

使用"剪映"App制作短视频

　　对拍摄的视频素材进行剪辑处理是短视频创作过程中非常重要的环节。在短视频剪辑处理过程中，创作者可以进行视频素材的剪接，为短视频添加音乐、字幕以及特效等，从而使短视频表现出完整的艺术性和观赏性。

　　短视频剪辑软件众多，本章将向读者介绍手机中常用的短视频剪辑App——"剪映"的使用方法。它是"抖音"官方推出的全免费短视频剪辑处理App，为用户提供了强大且方便的短视频剪辑处理功能，并且能够直接将剪辑处理后的短视频分享到"抖音"和"西瓜视频"短视频平台。

6.1 认识"剪映"App初始工作界面

"剪映"带有全面的短视频剪辑功能，拥有多样滤镜效果及丰富的曲库资源。图6-1所示为"剪映"App图标。

打开"剪映"App，进入"剪映"默认的初始工作界面，初始工作界面由3个部分构成，分别是"创作区域""草稿区域""功能操作区域"，如图6-2所示。

图6-1 "剪映"App图标   图6-2 "剪映"App初始工作界面

TIPS 小贴士

2021 年 2 月，"抖音"官方推出了可以在 PC 端使用的"剪映"专业版。目前，"剪映"支持在手机、平板电脑、Mac 电脑、Windows 电脑全终端使用。

6.1.1 创作区域

在创作区域中点击"展开"按钮，可以在该区域中显示默认被隐藏的相关创作功能按钮，如图6-3所示。

开始创作：点击"开始创作"按钮，切换到素材选择界面，在其中可以选择手机中需要编辑的视频或照片素材，如图6-4所示，或者选择"剪映"App自带的"素材库"中的素材，如图6-5所示。完成素材的选择，即可进入视频剪辑界面，进行短视频的创作。

 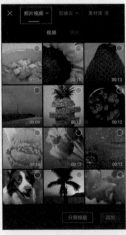 

图6-3 显示隐藏的创作功   图6-4 素材选择界面   图6-5 素材库界面
　　　能按钮

一键成片：点击 "一键成片" 按钮，同样切换到素材选择界面，可以选择手机中相应的视频或照片素材，如图6-6所示。点击 "下一步" 按钮，"剪映" App会自动对所选择的素材进行分析，从而向用户推荐相应的模板，如图6-7所示。用户只需要选择一个模板，即可快速导出短视频。

图文成片：该功能是 "剪映" 新推出的功能，只需要输入文章标题和正文内容，或者点击 "粘贴链接" 文字，将 "今日头条" 中的文章链接地址进行粘贴，如图6-8所示，"剪映" App会自动对文字内容进行分析，为文字内容匹配相应的图片、字幕、配音和背景音乐，从而快速生成短视频。

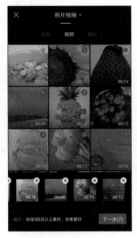

图6-6　选择素材

图6-7　选择模板

图6-8　"图文成片"界面

拍摄：点击 "拍摄" 按钮，可以进入 "剪映" App的拍摄界面，可以拍摄视频或者照片，并且在拍摄过程中有多种风格、滤镜、美颜效果可供用户选择，如图6-9所示。在该界面中点击 "模板" 选项，进入模板选择界面，其中提供了多种不同类型的模板，如图6-10所示。选择喜欢的模板，点击 "拍同款" 按钮，进入模板拍摄界面，该界面中会提示用户该模板需要多少段素材，并且每段素材的时长是多少，如图6-11所示。根据提示进行拍摄，可以快速制作出模板同款短视频。

图6-9　拍摄界面

图6-10　模板选择界面

图6-11　模板拍摄界面

创作脚本：该功能是 "剪映" 新推出的功能，点击该按钮即可进入 "创作脚本" 界面，如图6-12所示，该界面中为用户提供了多种不同类型的短视频脚本，方便新手快速掌握不同内容短视频的拍摄方法。

录屏：该功能是 "剪映" 新推出的功能，点击该按钮即可进入录屏界面，如图6-13所示，可以设置录屏参数，并对手机屏幕进行录屏操作。

提词器：该功能是 "剪映" 新推出的功能，点击该按钮即可进入 "编辑内容" 界面，如图6-14所示，可以输入在接下来的拍摄过程中所需要的台词内容。完成台词内容的输入之后，点击 "去拍摄"按钮进入拍摄界面，此时在拍摄过程中屏幕上会始终显示所添加的台词，方便进行讲解，如图6-15所示。

图6-12 "创作脚本"界面　　　图6-13 录屏界面　　　图6-14 "编辑内容"界面　　　图6-15 拍摄界面显示台词

美颜：点击"美颜"图标，切换到素材选择界面，可以选择手机中有人物的视频或图片素材，如图6-16所示。点击"添加"按钮，"剪映"App会自动对所添加素材中人物的脸部进行识别，并显示相应的美颜设置选项，如图6-17所示。调整这些内置的美颜设置选项，可以对人物进行美颜处理。

超清画质：点击"超清画质"图标，切换到素材选择界面，可以选择手机中的视频或图片素材，如图6-18所示。选择需要处理的素材后，"剪映"App会自动对所选择的素材进行画质处理，并显示处理后的超清画质效果，如图6-19所示。完成处理后，可以将素材导入剪辑或导出为新的视频。

图6-16 选择人物素材　　　图6-17 显示美颜设置选项　　　图6-18 选择素材　　　图6-19 素材超清画质处理

活动：点击"创作区域"左上角的"活动"区域滚动显示"剪映"App官方推出的最新活动标题，点击活动标题名称即可跳转到该活动界面显示相关活动详情介绍，如果点击"活动"区域右侧的"箭头"图标，则跳转到"进行中的活动"界面，显示官方活动列表，如图6-20所示，点击相应的活动名称即可查看活动详情。

帮助中心：点击"创作区域"右上角的"帮助中心"图标，切换到"帮助中心"界面，该界面中为用户提供了"剪映"App的最新功能和常见问题，帮助用户更快掌握"剪映"App的使用方法，如图6-21所示。

设置：点击"创作区域"右上角的"设置"图标，切换到设置界面，该界面中为用户提供了使用权限等相关的设置选项，以及其他一些说明，如图6-22所示。

图6-20　"进行中的活动"界面　　图6-21　"帮助中心"界面　　图6-22　设置界面

6.1.2　草稿区域

　　"剪映"初始工作界面的中间部分为"草稿区域",该部分包含"剪辑""模板""图文""脚本"4个选项卡,还提供了"剪映云"和"管理"功能,如图6-23所示。"剪映"App中所有未完成的视频剪辑项目都会显示在"剪辑"选项卡中。需要注意的是,已经剪辑完成的短视频在保存到本地的时候,同时也保存到了"草稿区域"中的"剪辑"选项卡中。

　　点击"草稿区域"右上角的"剪映云"图标,可以进入用户的剪映云空间界面,显示云空间中存储的素材,并且可以对素材进行管理操作,如图6-24所示。

　　点击"草稿区域"右上角的"管理"图标,可以选择一个或多个需要删除的视频剪辑草稿,点击底部的"删除"图标,即可将其删除,如图6-25所示。

　　点击某一视频剪辑草稿右侧的"更多"图标,界面底部的弹出菜单中为用户提供了"上传""重命名""复制草稿""删除"选项,如图6-26所示,点击相应的选项,即可对当前选择的视频剪辑草稿进行相应的操作。

图6-23　草稿区域　　图6-24　剪映云空间界面　　图6-25　删除短视频剪辑草稿　　图6-26　短视频剪辑草稿编辑选项

TIPS 小贴士

　　如果发现发布后的短视频有问题,还需要进行修改,就可以找到短视频剪辑草稿进行修改,所以尽量保留短视频剪辑草稿,或者将其上传到"剪映云"之后再进行删除操作。

6.1.3 功能操作区域

"剪映"初始工作界面的最底部为"功能操作区域"，该部分包含了"剪映"App的主要功能分类。

剪辑：该界面是"剪映"App的初始工作界面。

剪同款：该界面中为用户提供了多种不同风格的短视频模板，如图6-27所示，方便新用户快速上手，制作出精美的同款短视频。

创作课堂：该界面中为用户提供了有关短视频创作的在线教程，如图6-28所示，供用户进行学习。

消息：该界面中显示用户所收到的各种消息，包括官方的系统消息、发布的短视频收到的评论、粉丝留言、点赞等，如图6-29所示。

我的：该界面是个人信息界面，显示用户个人信息及喜欢的短视频模板等内容，如图6-30所示。

图6-27 "剪同款"界面

图6-28 "创作课堂"界面

图6-29 "消息"界面

图6-30 "我的"界面

6.2 认识"剪映"App视频剪辑界面

在"剪映"App初始工作界面的"创作区域"中点击"开始创作"按钮，弹出的界面中将显示当前手机中的视频和图片，选择需要剪辑的视频，如图6-31所示。点击"添加"按钮，即可进入视频剪辑界面，该界面主要分为"预览区域""时间轴区域""工具栏区域"3部分，如图6-32所示。

可以选择手机中
的视频或图片

预览区域

时间轴区域

工具栏区域

图6-31 选择需要剪辑的视频　　图6-32 进入视频剪辑界面

"预览区域"的底部为用户提供了相应的视频播放图标，如图6-33所示。点击"播放"图标，可以在当前界面中预览视频；如果在该界面中对视频的编辑操作出现失误，可以点击"撤销"图标；如果希望恢复上一步所做的视频编辑操作，可以点击"恢复"图标；点击"全屏"图标，可以切换到全屏模式预览当前视频。

在图6-34中，"时间轴区域"的上方显示的是视频时间刻度；白色竖线为时间指示器，指示当前的视频位置，可以在时间轴区域任意滑动；点击时间轴区域左侧的喇叭图标，可以开启或关闭视频中的原声。

图6-33　预览区域　　　　　　　　　　　图6-34　时间轴区域

在时间轴区域进行双指捏合操作，可以缩小视频轨道，如图6-35所示，适合视频的粗放剪辑；在时间轴区域进行双指展开操作，可以放大视频轨道，如图6-36所示，适合视频的精细剪辑。

图6-35　缩小轨道　　　　　　　　图6-36　放大轨道

如果还希望添加其他素材，可以点击时间轴区域右侧的加号图标，在弹出的界面中选择需要添加的视频或图片素材即可。

TIPS 小贴士

　　在视频轨道的下方可以增加音频轨道、文本轨道、贴纸轨道和特效轨道，音频轨道、文本轨道和贴纸轨道可以有多条，而特效轨道只能有一条。

在视频剪辑界面底部的"工具栏区域"中点击相应的图标，即可显示该工具的二级工具栏，如图6-37所示。使用二级工具栏中的工具，可以进行相应的操作。

完成视频的剪辑处理之后，在界面右上角点击分辨率选项，可以在弹出的窗口中设置视频的分辨率和帧率，如图6-38所示。

"剪映"App为用户提供了4种分辨率，分别是480p（640px × 480px）、720p（1280px × 720px）、1080p

（1920px × 1080px）、2k/4k。当前国内短视频平台支持的主流分辨率为1080p，所以应尽量选择1080p。

帧率即每秒钟播放多少帧画面。"剪映"App为用户提供了5种帧率可供选择，通常选择默认的30即可，表示每秒钟播放30帧画面。

图6-37　二级工具栏

图6-38　设置分辨率和帧率

6.3 "剪映"App短视频剪辑基础

在使用"剪映"App对短视频进行剪辑之前，首先需要掌握"剪映"App中各种短视频剪辑操作方法，这样才能做到事半功倍。

6.3.1 导入素材

在进行短视频剪辑之前，首先需要导入相应的素材。打开"剪映"App，点击"开始创作"图标，选择素材界面中为用户提供了3种导入素材的方法，分别是"照片视频""剪映云""素材库"。

照片视频：在该界面中可以选择手机中存储的视频或图片素材，如图6-39所示。

剪映云：在该界面中可以从自己的剪映云空间中选择相应的素材，如图6-40所示。"剪映"App为每个用户提供了512MB的免费云空间，用户可以将常用的素材上传至剪映云空间，便于在使用时导入。

素材库："剪映"App为用户提供了丰富的短视频素材库，许多在短视频中经常看到的片段都可以从素材库中找到，便于用户进行短视频创作，如图6-41所示。

图6-39　"照片视频"界面

图6-40　"剪映云"界面

图6-41　"素材库"界面

　　在素材选择界面中点击“素材库”选项，切换到“素材库”选项卡中，其中内置了丰富的素材可供用户选择，主要有“背景”“片头”“片尾”“转场”“故障动画”“空镜”“情绪爆梗”“氛围”“绿幕”等多种类型，如图6-42所示。

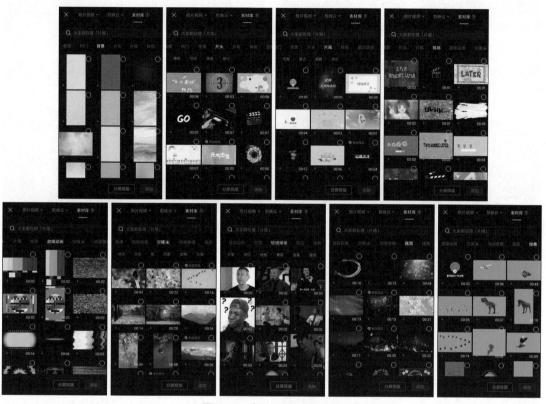

图6-42　多种不同类型的素材

TIPS 小贴士

　　“素材库”选项卡中为用户提供的都是视频片段，所以素材中的文字内容并不支持修改。

　　“素材库”选项卡中提供的许多视频素材都是我们在短视频中经常能够看到的片段，如图6-43所示。

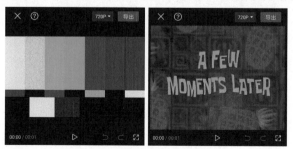

图6-43　短视频中常见的素材片段

1. 导入素材库中的素材

　　在“素材库”选项卡中点击需要使用的素材，可以将该素材下载到手机中，下载完成后可以将其选中，点击界面底部的“添加”按钮，如图6-44所示。切换到视频剪辑界面，所选择的视频素材即添加到时间轴区域中，如图6-45所示。

2. 将素材库中的素材作为画中画使用

　　在初始工作界面中点击“开始创作”图标，在素材选择界面中选择需要导入的手机中的素材，点击"添加"按钮，如图6-46所示。切换到视频剪辑界面，所选择的素材即添加到时间轴区域中，如图6-47所示。

图6-44　选择素材库中的素材

图6-45　素材添加到时间轴区域中1

图6-46　选择本机素材

图6-47　素材添加到时间轴区域中2

点击底部工具栏中的"画中画"图标，点击"新增画中画"图标，进入素材选择界面，切换到"素材库"选项卡中，选择需要使用的素材，点击"添加"按钮，如图6-48所示。返回视频剪辑界面，在预览区域调整素材大小并将其移至合适的位置，如图6-49所示。

点击底部工具栏中的"混合模式"图标，底部会显示相应的混合模式选项，如图6-50所示。选择"滤色"选项，为素材应用"滤色"混合模式，在预览区域中可以看到素材的黑色背景被去除，如图6-51所示。

图6-48　选择需要的素材

图6-49　调整素材

图6-50　显示混合模式选项

图6-51　应用"滤色"混合模式

3.导入素材并分屏排版

在初始工作界面中点击"开始创作"图标，在素材选择界面中选择3个素材，如图6-52所示。点击"分屏排版"按钮，切换到"视频排版"界面，该界面中为所选择的多个素材文件提供了6种不同的排版布局方式，点击不同的排版布局方式，即可预览相应的排版布局效果，如图6-53所示。

TIPS 小贴士

要使用"剪映"App中提供的"分屏排版"功能，必须在素材选择界面中选择两个及以上的素材，"视频排版"界面中会提供不同的6种排版布局方式供用户选择。

　　图6-52　选择3个素材　　　　　　图6-53　选择不同排版布局方式的效果

　　在"视频排版"界面底部点击"比例"选项，显示多种视频显示比例，选择不同的视频显示比例，即可将分屏排版视频设置为该比例的显示效果，如图6-54所示。完成排版布局和显示比例的设置之后，点击界面右上角的"导入"按钮，切换到视频剪辑界面，并将分屏排版后的素材添加到时间轴区域中，如图6-55所示。

　　　　图6-54　选择不同显示比例的效果　　　　图6-55　将分屏排版后的
　　　　　　　　　　　　　　　　　　　　　　　　　　　素材添加到时间轴区域中

6.3.2　视频显示比例与背景设置

　　在手机短视频开始流行之前，我们通常都是通过电脑来观看视频，电脑屏幕上的视频显示比例通常是16∶9，如图6-56所示。而手机短视频平台上的视频显示比例通常都是9∶16，如图6-57所示。

图6-56　16∶9的视频显示比例

打开"剪映"App，点击"开始创作"图标，在素材选择界面中选择手机中的视频素材，如图6-58所示。点击"添加"按钮，进入视频剪辑界面，如图6-59所示。

所选择的素材中第1个素材的显示比例为16：9，所以所创建的视频显示比例为16：9。

图6-57　9：16的视频显示比例　　　　图6-58　选择素材　　　　图6-59　进入视频剪辑界面

在界面底部点击"比例"图标，显示"比例"的二级工具栏如图6-60所示。这里为用户提供了9种视频显示比例，如图6-61所示。点击相应的比例选项，即可将当前视频项目修改为所选择的显示比例。

图6-60　显示比例　　　　　　　　图6-61　9种视频显示比例

TIPS 小贴士

视频项目的原始显示比例由所选择素材中第1个素材的显示比例决定，例如所选择的第1张素材图片的显示比例为16：9，所创建的视频的显示比例就是16：9。

选择时间轴区域中的视频素材，在视频预览区域通过双指捏合的方式将其缩小，如图6-62所示。在界面底部点击"返回"图标，返回主工具栏，点击"背景"图标，显示"背景"的二级工具栏，这里为用户提供了3种背景设置方式，如图6-63所示。

画布颜色：点击"画布颜色"选项，界面底部会显示颜色选择器，可以选择一种纯色作为视频的背景，如图6-64所示。

画布样式：点击"画布样式"选项，画布样式界面中为用户提供了多种不同效果的背景图片，可以选择一张背景图片作为视频的背景，如图6-65所示；也可以点击"添加图片"图标，在本机中选择自己喜欢的图片作为背景。

画布模糊：点击"画布模糊"选项，界面底部会显示4种模糊程度供用户选择，点击其中一种模糊程度选项，即可以该模糊程度对素材进行模糊处理并作为视频的背景，如图6-66所示。

双指捏合，
缩小素材

选择需要
调整的素材

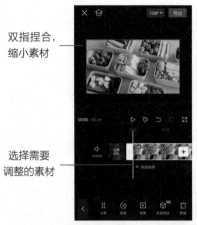

图6-62　双指捏合缩小素材　　图6-63　提供了3种背景设置方式

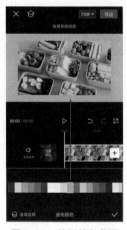
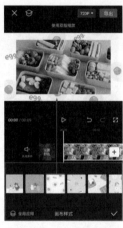
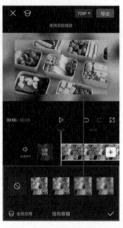

图6-64　使用纯色背景　　图6-65　使用图片背景　　图6-66　使用模糊背景

设置好背景样式之后，点击界面右下角的对号图标，即可为当前素材应用所选择的背景效果。点击"全局应用"选项，则可以将所选择的背景效果应用到该视频项目中所有素材的背景。

6.3.3　将横版视频处理为竖版视频

目前很多短视频平台中的视频都是竖版视频，并且竖版视频也更适合使用手机观看。那么如果我们拍摄的视频是横版视频，如何将其处理为竖版视频呢？下面通过一个小案例来讲解在"剪映"App中如何将横版视频处理为竖版。

　将横版视频处理为竖版视频
最终效果：资源\第 6 章\6-3-3.mp4
视频：视频\第 6 章\将横版视频处理为竖版视频 .mp4

01. 打开"剪映"App，点击"开始创作"图标，在素材选择界面中选择相应的视频素材，点击"添加"按钮，如图6-67示。将所选择的横版视频添加到时间轴区域中，进入视频剪辑界面，如图6-68所示。点击底部工具栏中的"比例"图标，显示"比例"的二级工具栏，如图6-69所示。

02. 选择二级工具栏中的"9：16"选项，将视频素材的显示比例修改为9：16，这样就将其改为竖版视频了，如图6-70所示。点击二级工具栏中的"返回"图标，返回主工具栏，点击"背景"图标，显示"背景"的二级工具栏，如图6-71所示。点击二级工具栏中的"画布模糊"图标，显示相应的选项，选择一种画布模糊程度，如图6-72所示。

图6-67　选择视频素材

图6-68　进入视频剪辑界面

图6-69　显示"比例"的
二级工具栏

图6-70　设置为竖版视频
显示比例

图6-71　显示"背景"的
二级工具栏

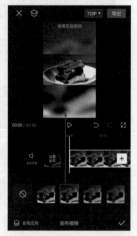

图6-72　设置画布模糊程度

03.　点击对号图标，应用画布模糊设置，这样就把横版视频处理为竖版。在预览区域中可以适当将视频放大一些，点击预览区域的"播放"图标，可以看到短视频效果，如图6-73所示。

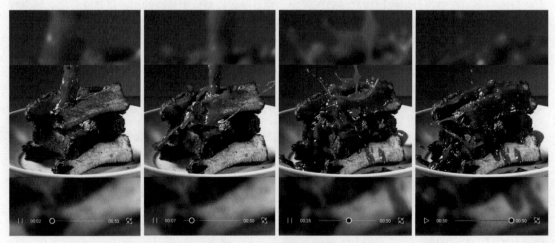

图6-73　预览短视频效果

6.3.4　短视频剪辑前的准备工作

想剪辑好短视频，仅仅掌握剪辑的方法是不够的，做好剪辑前的准备工作也很重要。

1. 选题

尽量选择一些有趣的、能够调动观众情绪的题材。

2. 创建脚本

创建短视频的脚本有点类似写故事，要尽量让短视频内容有开头、发展、高潮、转折、结局等。简单来说就是让短视频内容有头有尾有过程，情节有起伏。

3. 设计分镜头

对于故事中每个场景如何使用镜头进行表现，创作者起码需要在脑海中有一个大概的构思，景别要尽量涵盖近景、中景、远景。拍摄同一动作时，组合镜头往往比长镜头看起来效果更好。

4. 拍摄视频素材

完成上述的拍摄准备工作，就可以进行视频素材的拍摄了。在拍摄前进行充分的准备能够有效提高视频素材的拍摄效率，避免漏拍镜头。此外，在视频素材拍摄过程中应尽量保证画面的平稳，使用手持云台或三脚架辅助拍摄。

6.3.5　粗剪与精剪

完成视频素材的拍摄后就可以对视频素材进行剪辑。剪辑视频通常有两种方法，一种是粗剪，即对视频素材进行大致的剪辑处理；另一种是精剪，通常是对视频素材进行逐帧的细致剪辑处理。

1. 粗剪

对视频素材进行粗剪只需要使用4个基础操作，分别是拖动、分割、删除和排序。

打开"剪映"App，点击"开始创作"图标，在素材选择界面中选择需要进行剪辑的视频素材，点击"添加"按钮，如图6-74所示。

（1）拖动操作

进入视频剪辑界面，在时间轴区域中选中需要剪辑的素材，或点击底部工具栏中的"剪辑"图标，当前素材会显示白色的边框，如图6-75所示。拖动素材白色边框的左端或右端，即可对该素材进行裁剪或恢复操作，如图6-76所示。

图6-74　选择视频素材　　图6-75　素材显示白色边框　　图6-76　对素材进行裁剪操作

（2）分割操作

如果不想要视频素材的某一部分，可以将时间指示器移至素材相应的位置，点击底部工具栏中的"剪辑"图标，显示"剪辑"的二级工具栏，点击"分割"图标，即可在时间指示器位置将素材分割为两段，如图6-77所示。

（3）删除操作

在时间轴区域选择不需要的视频素材，点击底部工具栏中的"剪辑"图标，显示"剪辑"的二级工具栏，点击"删除"图标，即可将选择的素材删除，如图6-78所示。

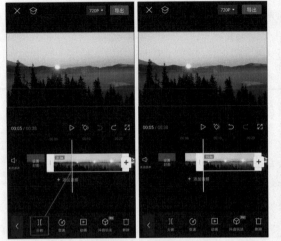

图6-77　分割视频

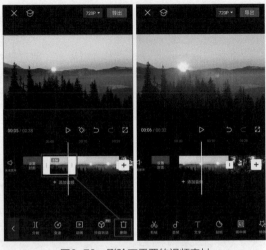

图6-78　删除不需要的视频素材

（4）排序操作

在时间轴区域选中并长按素材不放，所有素材会变成图6-79所示的小方块，可以通过拖动方块来调整素材的顺序，如图6-80所示。对时间轴区域中的素材进行排序，将素材按照脚本顺序排列，这样就基本完成了视频的粗剪工作。

图6-79　长按素材不放

图6-80　调整素材的顺序

2. 精剪

在短视频剪辑界面的时间轴区域，两指展开可以放大轨道，如图6-81所示，就可以对素材进行精剪。

"剪映"App支持的最高剪辑精度为4帧画面，这已经能够满足大多数的视频剪辑需求。低于4帧画面的视频片段是无法进行分割操作的，如图6-82所示，等于或高于4帧画面的视频片段才可以进行分割操作。

TIPS 小贴士

需要注意的是，在时间轴区域中选择视频素材，通过拖动该素材首尾的白色边框的操作方法，可以实现逐帧剪辑。

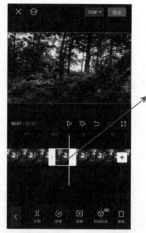

低于4帧画面的
视频片段无法
进行分割操作

图6-81　放大轨道　　　图6-82　低于4帧画面的视
频片段无法进行分割操作

6.3.6　为短视频添加音频

本小节将向大家介绍如何在短视频中添加音频素材。

1. 使用音乐库中的音乐

将视频素材添加到时间轴区域中后，点击底部工具栏中的"音频"图标，显示"音频"的二级工具栏，如图6-83所示。点击二级工具栏中的"音乐"图标，显示"添加音乐"界面，其中为用户提供了丰富的音乐类型，如图6-84所示。

"添加音乐"界面下方还为用户推荐了一些音乐，用户只需要点击相应的音乐名称，即可试听该音乐，如图6-85所示。

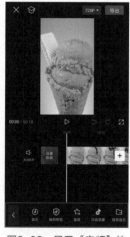

图6-83　显示"音频"的　　图6-84　"添加音乐"界面　　图6-85　点击音乐名称试听
二级工具栏

用户只需要点击自己喜欢的音乐右侧的"收藏"图标，即可将该音乐加入"收藏"选项卡，如图6-86所示，便于下次能够快速找到该音乐。

"抖音收藏"选项卡中显示的是用户在"抖音"音乐库中收藏的音乐，如图6-87所示。

"导入音乐"选项卡中包含3种导入音乐的方式，点击"链接下载"图标，可在文本框中粘贴"抖音"或其他平台分享的音频、音乐链接，如图6-88所示。

图6-86 "收藏"选项卡　　图6-87 "抖音收藏"选项卡　　图6-88 "链接下载"方式

TIPS 小贴士

使用外部音乐需要注意音乐的版权。

　　点击"提取音乐"图标，点击"去提取视频中的音乐"按钮，如图6-89所示，可以在显示的界面中选择本地存储的视频，如图6-90所示，点击界面底部的"仅导入视频的声音"按钮，即可将视频中的音乐提取出来。

　　点击"本地音乐"图标，界面中会显示当前手机存储的本地音乐文件列表，如图6-91所示。

图6-89 "提取音乐"方式　　图6-90 选择需要提取音乐的视频　　图6-91 "本地音乐"列表

2. 添加内置音效

　　选择合适的音效能够有效提升短视频的效果。在视频剪辑界面中点击底部工具栏中的"音效"图标，界面底部会弹出音效选择列表，"剪映"App中内置了种类繁多的各种音效，如图6-92所示。音效的添加方法与音乐的添加方法基本相同，点击需要使用的音效名称，会自动下载并播放该音效，点击音效右侧的"使用"按钮，如图6-93所示，即可使用所下载的音效，音效会自动添加到当前编辑的视频素材的下方，如图6-94所示。

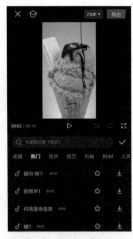 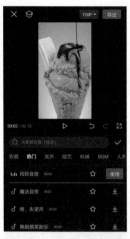 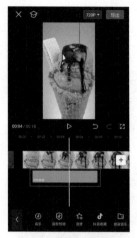

图6-92　种类繁多的内置　　　图6-93　下载并使用音效　　　图6-94　音效添加到时间
　　　　　音效　　　　　　　　　　　　　　　　　　　　　　　　　　　轴区域中

　　视频剪辑界面底部的主工具栏中还包含"抖音收藏"和"提取音乐"图标,这两种获取音乐的方式与使用之前介绍的使用"添加音乐"界面中的"抖音收藏"选项卡,以及"导入音乐"选项卡中的"提取音乐"选项的方式是完全相同的。

3. 录音

　　点击界面底部工具栏中的"录音"图标,界面底部会显示红色的"录音"图标,如图6-95所示。按住红色的"录音"图标不放,即可进行录音操作,如图6-96所示,松开手指完成录音,点击右下角的对号图标,录音会直接添加到所编辑视频素材的下方,如图6-97所示。

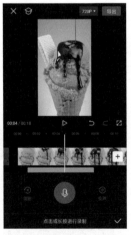 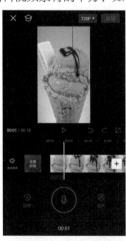 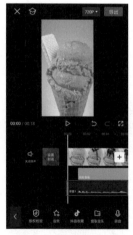

图6-95　显示"录音"图标　　　图6-96　进行录音操作　　　图6-97　录音添加到时间
　　　　　　　　　　　　　　　　　　　　　　　　　　　　　　　　　　轴区域中

6.3.7　音频素材的剪辑与设置

　　在视频剪辑界面中为视频素材添加音频素材之后,同样可以对音频素材进行剪辑操作。

　　在时间轴区域中选择需要剪辑的音频素材,界面底部工具栏中会显示音频编辑工具图标,如图6-98所示。

　　音量:点击底部工具栏中的"音量"图标,界面底部会显示音量设置选项,默认音量为100%,最高支持设置两倍音量,如图6-99所示。

　　淡化：点击底部工具栏中的"淡化"图标，界面底部会显示音频淡化设置选项，包括"淡入时长"和"淡出时长"两个选项，如图6-100所示。淡化是一个常用功能，通常用于为音频素材设置淡入和淡出，使音频素材的开头和结尾不会很突兀。

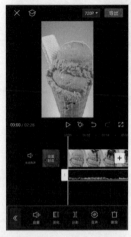 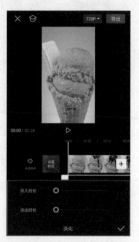

图6-98　显示音频编辑工具图标　　图6-99　显示音量设置选项　　图6-100　显示音频淡化设置选项

TIPS 小贴士

　　如果在一段音乐中截取一部分作为视频的音频素材，截取部分的开头会很突兀，结尾会戛然而止，这时就可以通过淡化选项的设置，使音频素材实现淡入淡出的效果。

　　分割：点击底部工具栏中的"分割"图标，可以在当前位置将所选择的音频素材分割为两部分，如图6-101所示。

　　变声：点击底部工具栏中的"变声"图标，界面底部会显示内置的变声选项，可以将当前所选音频素材变化为特殊的声音效果，如图6-102所示。

　　踩点：点击底部工具栏中的"踩点"图标，界面底部会显示踩点设置选项，如图6-103所示，点击"添加点"按钮，可以在相应的位置添加点，也可以打开"自动踩点"功能，对音频素材进行自动踩点。

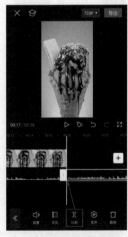 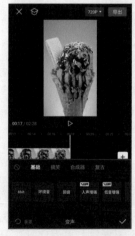 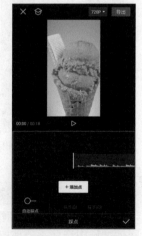

图6-101　分割音频素材　　图6-102　显示内置的变声选项　　图6-103　显示踩点设置选项

　　删除：点击底部工具栏中的"删除"图标，可以将选中的音频素材删除。
　　变速：点击底部工具栏中的"变速"图标，界面底部会显示音频变速设置选项，如图6-104所示，可以加快或放慢音频素材播放的速度。

降噪：点击底部工具栏中的"降噪"图标，界面底部会显示降噪开关选项，如图6-105所示，打开该功能，可以自动对所选择的音频素材进行降噪处理。

复制：点击底部工具栏中的"复制"图标，可以对当前选中的音频素材进行复制操作。

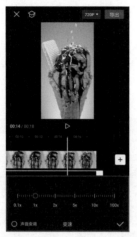 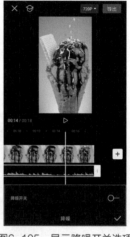

图6-104　显示音频变速设置选项　　图6-105　显示降噪开关选项

6.3.8 制作电子相册

本小节将使用"剪映"App完成电子相册的制作，主要是将平时旅行过程中拍摄的照片制作成短视频，并且搭配自己喜欢的背景音乐，从而使静态的照片表现为动态的短视频，视觉表现效果更加突出。

实战　制作电子相册

最终效果：资源 \ 第 6 章 \6-3-8.mp4

视频：视频 \ 第 6 章 \ 制作电子相册 .mp4

01. 在"剪映"App初始工作界面中点击"开始创作"图标，在素材选择界面中选择一段视频素材，如图6-106所示。切换到"照片"选项卡中，再按顺序选择多张需要使用的照片素材，如图6-107所示，点击"添加"按钮，进入视频剪辑界面，如图6-108所示。

图6-106　选择视频素材　　图6-107　选择多张照片素材　　图6-108　进入视频剪辑界面

　　同时选择多个素材并将其添加到视频剪辑界面中，则选择素材的顺序就是素材在时间轴区域中的排列顺序。当然时间轴区域中的素材顺序是可以调整的，在时间轴区域中按住需要调整顺序的素材不放，当素材都变为方块时，拖动即可调整素材的排列顺序。

　　02. 选择视频轨道中的第1段视频素材，点击底部工具栏中的"调节"图标，如图6-109所示。界面底部会显示相关的调节选项，选择"亮度"选项，将素材适当调亮一些，如图6-110所示。选择"对比度"选项，适当提高画面的对比度，如图6-111所示。点击"对号"图标，应用视频素材的调节操作。

图6-109　点击"调节"图标　　图6-110　调整素材亮度　　图6-111　调整素材对比度

　　03. 返回主工具栏，点击"音频"图标，显示"音频"的二级工具栏，点击"音乐"图标，显示"添加音乐"界面，如图6-112所示。点击"卡点"选项，进入该类别音乐列表，如图6-113所示。在音乐列表中点击音乐名称即可试听音乐，通过试听找到合适的卡点音乐，然后点击"使用"按钮，如图6-114所示。

 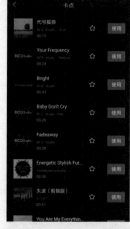 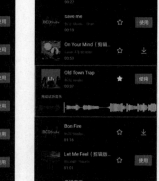

图6-112　"添加音乐"界面　　图6-113　显示卡点音乐列表　　图6-114　选择合适的音乐

　　04. 返回视频剪辑界面，将选择的音乐添加到时间轴区域中，如图6-115所示。选择时间轴区域中的音乐，点击底部工具栏中的"踩点"图标，如图6-116所示。界面下方会显示踩点设置选项，点击"添加点"按钮为音乐手动添加踩点标记，如图6-117所示。

图6-115 音乐添加到时
间轴区域中

图6-116 点击"踩点"
图标

图6-117 手动添加踩点
标记

05. 也可以使用自动踩点功能。将手动添加的点删除，打开"自动踩点"功能，分别试听"踩节拍I"和"踩节拍II"的效果，如图6-118所示，选择一种合适的踩节拍选项，这里选择"踩节拍I"。点击右下角的对号图标，完成音乐踩点操作，返回视频剪辑界面，在音频下方可以看到自动添加的踩点标记（黄色实心圆点），如图6-119所示。

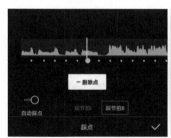

图6-118 分别试听两种自动踩点方式的效果

图6-119 完成音乐踩点操作

06. 在时间轴中选择第1段视频素材，通过拖动其白色边框的左右两端对该段素材的持续时间进行调整，调整该素材的末端与相应的踩点标记对齐，如图6-120所示。选择时间轴中的第2段照片素材，拖动其白色边框的左右两端，调整该素材的末端与相应的踩点标记对齐，如图6-121所示。

07. 使用相同的制作方法，分别调整时间轴中其他照片素材的持续时间，使其与每一个踩点标记对应，如图6-122所示。

08. 点击底部工具栏中的"贴纸"图标，界面底部会显示内置的贴纸选项，如图6-123所示。点击"旅行"选项，切换到"电影感"贴纸类别中，选择自己喜爱的贴纸，如图6-124所示。在预览区域可以调整贴纸的大小和位置，如图6-125所示。

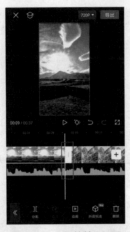
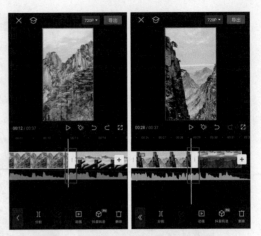

图6-120　调整第1段视　　图6-121　调整第2段照　　图6-122　调整其他照片素材的持续时间
　　频素材的持续时间　　　　片素材的持续时间

图6-123　显示内置贴纸选项　　图6-124　点击需要的贴纸　　图6-125　调整贴纸的大小和位置

　　09.　点击对号图标，确认贴纸的添加和调整，在时间轴区域中可以看到添加的贴纸，如图6-126所示。选择时间轴区域中刚添加的贴纸，点击底部工具栏中的"动画"图标，界面底部会显示入场动画相关选项，选择"弹入"入场动画，如图6-127所示。切换到"出场动画"选项卡中，选择"放大"出场动画，如图6-128所示。

图6-126　时间轴区域中显示添加的贴纸　　图6-127　应用入场动画　　图6-128　应用出场动画

10. 拖动滑块调整入场动画和出场动画的持续时间均为1秒，如图6-129所示，点击对号图标，为贴纸应用入场动画和出场动画。点击底部工具栏左侧的返回图标，返回主工具栏，如图6-130所示。点击时间轴区域中素材与素材之间的白色方块图标，界面底部会显示转场的相关选项，如图6-131所示。

图6-129　设置入场动画　　　　图6-130　返回主工具栏　　　　图6-131　显示转场选项
　　　　　和出场动画的时长

11. 点击相应的转场，在预览区域中即可看到所选择的转场效果。这里选择"叠化"选项卡中的"闪白"转场，点击界面左下角的"全局应用"选项，将该转场效果应用到时间轴区域中所有素材之间，如图6-132所示。点击右下角的对号图标，完成转场效果的应用，可以看到素材之间的白色方块图标发生了变化，如图6-133所示。

 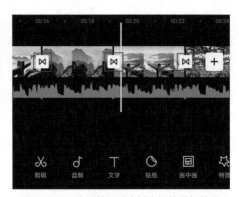

图6-132　应用转场效果　　　　图6-133　应用转场后素材之间的图标效果

TIPS 小贴士

　　在添加转场效果时，可以设置转场效果的时长，并且可以在不同素材之间添加不同的转场效果。因为转场效果具有一定的时长，所以应用转场效果之后，素材的转场切换与音乐踩点的位置可能出现不对齐的情况，这时就需要再次对素材的时长进行调整，从而实现素材的切换与音乐踩点位置的完美契合。

12. 点击时间轴区域左侧的"设置封面"选项，如图6-134所示。进入封面设置界面，如图6-135所示。滑动时间轴，选择视频某一帧画面作为封面，如图6-136所示。点击界面右上角的"保存"按钮，保存封面设置。

图6-134　点击"设置封面"选项　图6-135　封面设置界面　图6-136　选择作为封面的视频画面

13. 点击界面右上角的分辨率选项，在弹出的窗口中设置视频的"分辨率"为720P，如图6-137所示。点击界面右上角的"导出"按钮，显示视频导出进度，如图6-138所示。视频导出完成后可以选择是否将制作的短视频分享到"抖音"和"西瓜视频"短视频平台，如图6-139所示。

图6-137　设置分辨率　图6-138　显示视频导出进度　图6-139　导出完成界面

14. 完成该电子相册的制作，点击预览区域的"播放"图标，可以看到电子相册的效果，如图6-140所示。

6.4 短视频效果设置与处理

　　"剪映"App除了为用户提供了基础的视频剪辑和音频剪辑功能之外，还提供了许多短视频效果制作常用的功能，如变速、画中画、文本动画、滤镜、特效等，使用这些功能可以创作出各种精彩的短视频效果。

图6-140　预览电子相册效果

6.4.1 制作视频变速效果

　　打开"剪映"App，点击"开始创作"图标，在素材选择界面中选择相应的视频素材，点击"添加"按钮，如图6-141所示。切换到视频剪辑界面，选择时间轴区域中的视频素材，点击底部工具栏中的"变速"图标，显示"变速"的二级工具栏，如图6-142所示。

　　"剪映"App为用户提供了两种变速方式，分别是常规变速和曲线变速。

1. 常规变速

　　常规变速和其他视频剪辑App中的变速处理相似，可以更改视频素材整体的播放速度。

　　点击底部工具栏中的"常规变速"图标，界面底部会显示常规变速设置选项，如图6-143所示，支持最低0.1倍速、最高100倍速变速，选择"声音变调"选项，可以在调整视频倍速的情况下，同步对视频中的声音进行变调处理。

图6-141　选择视频素材

图6-142　显示"变速"
的二级工具栏

2. 曲线变速

点击底部工具栏中的"曲线变速"图标，界面底部会显示曲线变速设置选项，如图6-144所示，其中内置了"蒙太奇""英雄时刻""子弹时间""跳接""闪进""闪出"6种曲线变速方式。

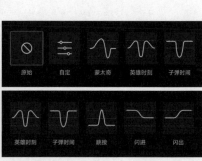

图6-143　常规变速设置选项　　　　　　图6-144　曲线变速设置选项

点击6种曲线变速方式中任意一种的图标，即可为视频素材应用该种曲线变速效果。例如点击"蒙太奇"图标，预览区域会自动播放应用"蒙太奇"变速方式后的视频，如图6-145所示。如果对变速效果不太满意，也可以点击"点击编辑"图标，界面底部会显示"蒙太奇"变速方式的速度曲线，如图6-146所示。

图6-145　预览应用"蒙太奇"变速方式后的效果　图6-146　显示"蒙太奇"变速方式的速度曲线

TIPS 小贴士

上升曲线表示视频播放持续加速，下降曲线表示视频播放持续减速，这种持续的曲线变速方式又被称为坡度变速，是视频剪辑过程中的一种专业操作，许多优秀的视频都会运用这一技巧，视频播放的忽快忽慢可以增强视频的仪式感。

点击并拖动速度曲线上的控制点可以改变其位置，如图6-147所示。点击"添加点"按钮，可以在速度曲线的空白位置添加速度曲线控制点，如图6-148所示。选中相应的控制点，再点击"删除点"按钮，可以将选中的控制点删除。点击"重置"选项，可以恢复默认的速度曲线设置，如图6-149所示。

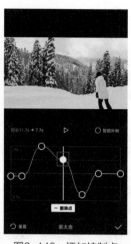

表示素材的原持续时间和应用曲线变速效果后的持续时间

图6-147 移动控制点　　图6-148 添加控制点　　图6-149 重置速度曲线

TIPS 小贴士

假如我们想要给视频中某个物体特写，可以为其应用曲线变速效果，并调整低速控制点至需要特写的对象出现在视频画面中央的位置。

点击"自定"图标，再点击"点击编辑"图标，即可进入速度曲线的自定义编辑模式，用户可以通过拖动、添加控制点的方式，对视频的播放速度进行设置。

6.4.2 制作画中画效果

画中画是一种视频内容呈现方式，是指在一部视频全屏播放的同时，于画面的小面积区域同时播放另外的内容。

打开"剪映"App，点击"开始创作"图标，在素材选择界面中选择相应的视频素材，点击"添加"按钮，如图6-150所示。切换到视频剪辑界面，点击底部工具栏中的"画中画"图标，显示"画中画"的二级工具栏，如图6-151所示。

点击底部工具栏中的"新增画中画"图标，在素材选择界面中选择另一个素材，点击"添加"按钮，如图6-152所示。切换到视频剪辑界面，就可以在主轨道的下方添加所选择的素材，如图6-153所示。

图6-150 选择视频素材　　图6-151 "画中画"的二级工具栏　　图6-152 选择另一个素材　　图6-153 在主轨道下方添加素材

在预览区域中使用手指进行捏合或展开操作，可以对刚导入的画中画素材进行缩放，如图6-154所示。在预览区域中使用手指按住素材，可以对其进行移动，如图6-155所示。

图6-154　对素材进行缩放　　图6-155　对素材进行移动

TIPS 小贴士

　　"剪映"App 最多支持6个画中画，也就是1个主轨道和6个画中画轨道，总共可以同时播放7个视频。

　　点击底部工具栏中的"画中画"图标，再点击"新增画中画"图标，在素材选择界面中选择另一个素材，点击"添加"按钮，如图6-156所示。切换到视频剪辑界面，就可以在主轨道的下方添加第2个画中画素材，如图6-157所示。在预览区域中调整刚添加的画中画素材到合适的大小和位置，如图6-158所示。

图6-156　选择另一个素材　　图6-157　添加第2个画中　　图6-158　调整素材的大
　　　　　　　　　　　　　　　　　　画素材　　　　　　　　　　小和位置

TIPS 小贴士

　　当一个视频项目中包含多个画中画素材时，后添加的画中画素材的层级较高，在重叠区域中层级高的素材会覆盖层级低的素材。

　　在时间轴区域中选择任意一个画中画素材，点击底部工具栏中的"层级"图标，如图6-159所示。在底部弹出区域可以调整画中画素材的层级，如图6-160所示。按住画中画素材缩略图并拖动即可调整画中画素材层级，在预览区域中可以看到素材层级的变化，而时间轴区域中素材的位置无变化，如图6-161所示。

图6-159 点击"层级"图标

图6-160 显示层级选项

图6-161 调整层级效果

在时间轴区域中选择相应的画中画素材,点击底部工具栏中的"切主轨"图标,如图6-162所示,可以将所选择的画中画素材移动至主轨素材之前,如图6-163所示。

同样也可以将主轨素材移至画中画轨道中,选择主轨道中需要移至画中画轨道的素材,点击底部工具栏中的"切画中画"图标,如图6-164所示,即可将所选择的主轨素材移至画中画轨道中。

图6-162 点击"切主轨"
图标

图6-163 画中画素材移
至主轨素材之前

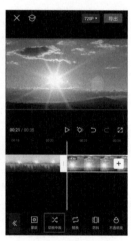
图6-164 点击"切画中
画"图标

TIPS 小贴士

如果需要将主轨道中的素材移到画中画轨道中,那么主轨道中必须包含至少两段素材。

6.4.3 添加文本和贴纸

打开"剪映"App,点击"开始创作"图标,在素材选择界面中选择相应的视频素材,点击"添加"按钮,如图6-165所示。点击底部工具栏中的"文字"图标,显示"文字"的二级工具栏,如图6-166所示。

1. 新建文本

点击底部工具栏中的"新建文本"图标,即可在视频素材上显示默认文本框,可以输入需要添加的文本内容,如图6-167所示。确认输入后,在界面下方可以通过多个选项卡对文本效果进行设置。

图6-165　选择视频素材　　图6-166　"文字"的二级　　图6-167　输入文字
　　　　　　　　　　　　　　　　工具栏

　　"字体"选项卡中提供了多种不同风格的字体，可以点击下载使用，如图6-168所示。

　　在"样式"选项卡中可以设置文字的样式效果，可以选择文字样式预设、文字颜色等，如图6-169所示。

图6-168　选择字体　　图6-169　设置文字样式

　　在预览区域可以看到文本框左上角和右下角的图标，点击左上角的"删除"图标可以将文字删除，按住右下角的"缩放"图标并拖动可以进行文字缩放，如图6-170所示。

　　"花字"选项卡中为用户提供了多种预设的综艺花字，点击相应的花字即可预览花字的应用效果，如图6-171所示。

　　"文字模板"选项卡中为用户提供了多种预设的文字模板，点击相应的文字模板即可预览模板的应用效果，如图6-172所示。

　　"动画"选项卡中为用户提供了不同类型的文字动画预设，包括"入场""出场""循环"类别，点击相应的动画即可预览动画的应用效果，界面下方会出现滑块，拖动滑块可以调整文字动画的持续时间，如图6-173所示。

　　点击对号图标，完成文字的添加和效果设置，时间轴区域中自动添加文字轨道，选择时间轴区域中的文字轨道，点击底部工具栏中的"文本朗读"图标，如图6-174所示。在弹出选项中选择一种音色，点击对号图标，如图6-175所示。在预览区域点击"播放"图标，可以自动对添加的文字进行朗读。

删除

缩放

图6-170　删除和缩放文字

图6-171　预览花字的
应用效果

图6-172　预览文字模板
的应用效果

图6-173　设置"动画"
选项

图6-174　点击"文本朗读"
图标

图6-175　选择一种朗读
音色

2. 识别字幕和识别歌词

"识别字幕"功能主要用于识别歌词视频或音频素材中人物说的话,"识别歌词"功能主要用于识别视频或音频素材中的歌词,从本质上来说这两个功能属于同一种功能。

点击底部工具栏中的"音频"图标,再点击"音乐"图标,如图6-176所示。进入"添加音乐"界面,在该界面中选择一首中文歌曲,如图6-177所示。点击"使用"按钮,将选择的音乐添加到时间轴区域中,如图6-178所示。

点击"返回"图标,返回主工具栏,点击"文字"图标,再点击"识别歌词"图标,在弹出的界面中点击"开始匹配"按钮,如图6-179所示。

图6-176　点击"音乐"
图标

图6-177　选择合适的
中文歌曲

因为是在线识别，所以需要一点时间。识别成功后，时间轴区域中会自动添加歌词文字轨道，如图6-180所示。在预览区域点击"播放"按钮，预览视频，会看到自动添加的歌词字幕效果，如图6-181所示。

图6-178 将音乐添加到时间轴区域中

图6-179 点击"开始匹配"按钮

图6-180 自动添加歌词文字轨道

图6-181 预览默认的歌词字幕效果

在时间轴区域中选择识别得到的歌词，在预览区域中可以拖动调整歌词的位置，并且可以通过文本框4个角的图标对歌词进行相应的操作，如图6-182所示。

点击底部工具栏中的"动画"图标，可以为歌词选择一种预设的动画效果，例如这里选择"卡拉OK"效果，如图6-183所示。点击对号图标，完成动画效果的添加，在预览区域点击"播放"图标，可以看到为歌词添加的动画效果，如图6-184所示。

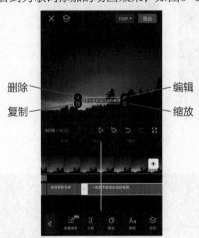
图6-182 文字操作图标

图6-183 应用动画效果

图6-184 预览动画效果

TIPS 小贴士

除了可以为识别得到的歌词应用动画效果外，同样可以对歌词的样式、花字效果进行设置。为歌词应用动画效果，默认将应用于所有歌词文字。

3. 添加贴纸

点击底部工具栏中的"添加贴纸"图标，界面底部会显示各种风格的内置贴纸供用户选择，如图6-185所示。点击一种贴纸即可将其添加到视频中，如图6-186所示。

点击对号图标，时间轴区域中自动添加贴纸轨道，可以在预览区域调整贴纸到合适的大小和位置，如图6-187所示。

图6-185　显示内置贴纸　　　　图6-186　选择一种贴纸　　　图6-187　调整贴纸的大
小和位置

在时间轴区域中选择添加的贴纸，在底部工具栏中可以看到贴纸相关的工具图标，如图6-188所示，使用这些工具可以对贴纸进行分割、复制、翻转等操作。点击"动画"图标，界面底部会显示针对贴纸的相关动画预设，选择一种动画预设，如图6-189所示。点击对号图标，为贴纸应用相应的动画效果，在预览区域点击"播放"图标，可以看到添加的贴纸动画效果，如图6-190所示。

图6-188　贴纸工具图标　　　图6-189　为贴纸添加动　　　图6-190　预览贴纸动画
画效果　　　　　　　　效果

6.4.4　添加滤镜

本小节将向读者介绍如何在"剪映"App中为短视频添加滤镜。添加合适的滤镜可以使短视频作品产生一种脱离现实的美感。为同一个短视频添加不同的滤镜可能会产生不同的视觉效果。

打开"剪映"App，点击"开始创作"图标，添加相应的视频素材，点击底部工具栏中的"滤镜"图标，界面底部会显示相应的滤镜选项，如图6-191所示。

"剪映"App提供了多种不同类型的滤镜，点击滤镜缩览图即可在预览区域查看应用该滤镜的效果，并且可以通过拖动滑块调整滤镜效果的强弱，如图6-192所示。点击对号图标，返回视频剪辑界面，时间轴区域中会自动添加滤镜轨道，如图6-193所示。

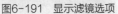

图6-191　显示滤镜选项　　　　图6-192　应用滤镜　　　　图6-193　自动添加滤镜轨道

在时间轴区域中拖动滤镜白色边框的左右两端，可以调整该滤镜的应用范围，如图6-194所示。

"剪映"App支持为短视频同时添加多个滤镜。在空白处点击，不要选择任何对象，点击底部工具栏中的"新增滤镜"图标，即可为短视频添加第2个滤镜，如图6-195所示。

如果需要删除某个滤镜，只需要在时间轴区域中选择需要删除的滤镜，点击底部工具栏中的"删除"图标，如图6-196所示。

图6-194　调整滤镜的应用范围　　图6-195　添加第2个滤镜　　　图6-196　删除滤镜

TIPS 小贴士

通常会在以下两种情形下使用滤镜。一是回忆片段，为回忆片段添加滤镜，能够很好地将其与其他视频素材区别开；二是视频素材存在瑕疵，添加滤镜可以很好地掩盖视频素材中的瑕疵。

6.4.5　添加特效

使用"剪映"App提供的特效库，可以轻松地在短视频中实现许多炫酷的特效。

打开"剪映"App，添加视频素材，点击底部工具栏中的"特效"图标，显示的二级工具栏中有"画面特效""人物特效""图片玩法"3种特效类别可供选择，如图6-197所示。

点击"画面特效"图标，界面底部会显示内置的多种不同类型的画面特效，如图6-198所示，"画面特效"中的效果都将应用于素材画面的整体。

点击"人物特效"图标，界面底部会显示内置的多种不同类型的人物特效，如图6-199所示，"人物特效"中的效果都将应用于素材中的人物特定部位。

点击"图片玩法"图标，界面底部会显示内置的多种不同类型的图片特效，如图6-200所示，"图片玩法"中的效果都只针对图片素材起作用，对视频素材不起作用。

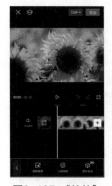
图6-197　"特效"
的二级工具栏

图6-198　内置的画面特效

图6-199　内置的人物特效

图6-200　内置的图片特效

点击相应的特效缩略图，即可在预览区域中看到应用该特效的效果，例如这里点击"自然"类别中的"晴天光线"特效，如图6-201所示。

点击对号图标，返回视频剪辑界面，时间轴区域中会自动添加特效轨道，如图6-202所示。与滤镜相同，在时间轴区域中拖动特效白色边框的左右两端，可以调整该特效的应用范围，如图6-203所示。

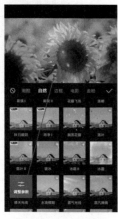
图6-201　应用特效

图6-202　自动添加特效轨道

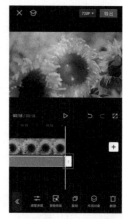
图6-203　调整特效的应用范围

同样可以为短视频同时添加多个特效。在空白处点击，不要选择任何对象，点击底部工具栏中的"新增特效"图标，即可为短视频添加第2个特效，如图6-204所示。

在时间轴区域中选择特效轨道，底部工具栏中为用户提供了相应的特效工具，如图6-205所示。点击"调整参数"图标，可以在界面底部显示当前特效的参数设置选项，如图6-206所示，不同特效可以设置的参数也有所不同；点击"替换特效"图标，可以对当前轨道中的特效进行修改替换；点击"复制"图标，可以复制当前选择的特效；点击"作用对象"图标，可以在弹出的界面中选择当前轨道中的特效需要作用的对象，如图6-207所示，可以是主视频，也可以是其他轨道素材；点击"删除"图标，可以将选中的特效删除。

TIPS 小贴士

特效在短视频中的大量应用容易让观众产生审美疲劳，所以创作者在短视频的创作过程中，重点还是在于创造具有吸引力的视频内容，而不是过多使用花哨的特效。

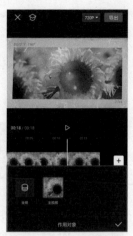

图6-204　添加第2个特效　　图6-205　显示特效工具　　图6-206　设置特效参数　　图6-207　作用对象选项

6.4.6　视频调色

使用"剪映"App可以对短视频进行调色处理，好的调色处理应该符合短视频的主题，不能过于夸张，应该要恰到好处。

打开"剪映"App，点击"开始创作"图标，添加相应的视频素材，点击底部工具栏中的"调节"图标，界面底部会显示相应的调节选项，如图6-208所示。

根据需要点击调节选项图标，例如这里点击"亮度"选项，拖动滑块调整视频的亮度，如图6-209所示。还可以点击其他调节选项图标，对其他调节选项进行相应的设置，如图6-210所示。

完成调节选项的设置后，点击对号图标，返回视频剪辑界面，时间轴区域中会自动添加调节轨道，如图6-211所示。与滤镜相同，在时间轴区域中拖动调节效果白色边框的左右两端，可以调整该调节效果的应用范围，如图6-212所示。

图6-208　显示调节选项

图6-209　调节亮度　　图6-210　设置其他调节选项　　图6-211　自动添加调节
轨道　　图6-212　调整调节效果
的应用范围

可以为短视频同时添加多个调节轨道。选中调节轨道之后，点击底部工具栏中的"调节"图标，可以显示调节选项，从而对所添加的调节效果进行修改；点击底部工具栏中的"删除"图标，可以删除所选择的调节轨道。

"剪映"App还内置了美颜功能。打开"剪映"App，点击"开始创作"图标，添加相应的素材，点击底部工具栏中的"剪辑"图标，在"剪辑"二级工具栏中点击"美颜美体"图标，显示的工具栏中有"美颜"和"美体"2种功能可供选择，如图6-213所示。

点击"美颜"图标，界面底部会显示相应的美颜选项，如图6-214所示。例如选择"美颜"选项卡中的"磨皮"选项，可以通过拖动滑块对人物进行磨皮处理，向右拖动滑块，可以看到人物皮肤变得更光滑，斑点也明显减少，效果如图6-215所示；选择"美型"选项卡中的"瘦脸"选项，可以通过拖动滑块对人物进行瘦脸处理，向右拖动滑块，可以看到人物的脸变小了，效果如图6-216所示。

图6-213 显示可选功能　　图6-214 美颜选项　　图6-215 选择"磨皮"选项　　图6-216 选择"瘦脸"选项

6.4.7 制作短视频标题特效

本小节将制作一个短视频标题特效。该效果的制作方法是为短视频标题文字添加动画效果，将文字的入场动画、出场动画与准备好的粒子消散视频素材相结合，设置粒子消散视频素材的混合模式，从而使短视频标题文字表现出粒子消散效果。

实战 制作短视频标题特效
最终效果：资源 \ 第 6 章 \6-4-7.mp4
视频：视频 \ 第 6 章 \ 制作短视频标题特效 .mp4

01. 打开"剪映"App，点击"开始创作"图标，在素材选择界面中选择相应的视频素材，点击"添加"按钮，如图6-217所示。点击底部工具栏中的"文字"图标，点击"文字"二级工具栏中的"新建文本"图标，输入标题文字，如图6-218所示。

02. 在"字体"选项卡中为标题文字选择一种手写字体，并且在预览区域调整文字到合适的大小和位置，如图6-219所示。切换到"样式"选项卡中，选择"阴影"选项，为文字设置阴影效果，如图6-220所示。

03. 切换到"动画"选项卡中，点击"入场"选项，为标题文字应用"渐显"入场动画，如图6-221所示。点击"出场"选项，为标题文字应用"打字机Ⅱ"出场动画，如图6-222所示。拖动下方的滑块，调整入场动画和出场动画的时长均为1秒，如图6-223所示。

04. 点击对号图标，完成标题文字的设置。滑动时间轴区域，将时间指示器移至文字开始消失的位置，如图6-224所示。取消文字轨道的选中状态，返回主工具栏，点击"画中画"图标，再点击"新增画中画"图标，在素材选择界面中选择粒子消散视频素材，点击"添加"按钮，如图6-225所示。

图6-217 选择视频素材

图6-218 输入标题文字

图6-219 选择字体并调整大小和位置

图6-220 为文字设置阴影效果

图6-221 应用"渐显"入场动画

图6-222 应用"打字机Ⅱ"出场动画

图6-223 调整动画时长

图6-224 调整时间指示器位置

图6-225 选择画中画视频素材

05. 粒子消散视频素材自动添加到时间轴区域中，在预览区域放大该素材，使其完全覆盖预览区域，如图6-226所示。点击底部工具栏中的"混合模式"图标，在弹出界面中选择"滤色"选项，如图6-227所示。

06. 点击对号图标，应用混合模式设置。按住时间轴区域中添加的粒子消散视频素材并拖动，调整该视频素材的起始位置，如图6-228所示。

07. 完成短视频效果的制作，点击界面右上角的"导出"按钮，显示视频导出进度，如图6-229所示。导出完成后可以选择是否将制作的短视频分享到"抖音"和"西瓜视频"短视频平台，如图6-230所示。

图6-226 调整素材大小

图6-227 应用"滤色"混合模式

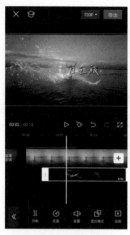  

图6-228　调整素材位置　　图6-229　显示视频导出进度　　图6-230　分享到短视频平台

08. 完成短视频标题文字粒子消散效果的制作，点击预览区域中的"播放"图标，可以预览短视频效果，如图6-231所示。

图6-231　预览短视频效果

6.5 无人机拍摄与短视频制作

使用无人机能够从非常规视角进行拍摄，获得具有艺术表现力的画面，给观众带来有力的视觉冲击。无人机拍摄（也称航拍）已经成为一种重要的拍摄手段，当前各种形式的无人机拍摄画面在短视频中得到了广泛应用。

6.5.1 无人机拍摄的构图

无人机拍摄与平时在地面上拍摄有一些不同，主要表现在以下3点。第一，在地面拍摄可以自由对焦，而无人机上的镜头的焦点一般都要设定在无穷远。第二，在地面拍摄可以进行变焦，而无人机上普遍使用广角定焦镜头，焦距固定。由于焦距保持不变，在地面上使用定焦镜头拍摄是"变焦基本靠走"，无人机拍摄就是"变焦基本靠飞"了。第三，无人机拍摄与在地面拍摄相比，以俯拍和平拍居多，能够更加方便地变换拍摄高度，不同的拍摄高度对于画面表现有着较大的影响。而这3点充分决定了无人机拍摄构图的重要性。

无人机拍摄与在地面拍摄相比，构图的本质不变，一些在地面拍摄时用到的构图技巧，在无人机拍摄中依然有效，若加以妥善运用，甚至能达到更好的效果。下面介绍几种无人机拍摄的构图技巧。

1. 九宫格构图

九宫格构图要求将被摄主体或重要景物放在九宫格交叉点的位置上。这种构图具有突出被摄主体并使画面趋向均衡的特点，适合大多数题材。图6-232所示为九宫格构图航拍画面。

2. 三分法构图

三分法构图将画面分割为三等份，如拍摄风景的时候选择1/3画面放置天空或者1/3画面放置地面，就是采用了三分法构图。在航拍中，三分法构图比较适合自然景观和层次分明的素材拍摄。图6-233所示为三分法构图航拍画面。

图6-232　九宫格构图拍摄画面　　　　　图6-233　三分法构图拍摄画面

3. 二分法构图

二分法构图是将画面分为两部分，容易营造出宽广、沉稳的气势，但画面冲击力比较弱，在风景的拍摄中经常使用。图6-234所示为二分法构图航拍画面。

4. 向心式构图

向心式构图是指被摄主体处于画面中心位置，而四周景物呈现出向中心集中趋势的构图形式，能将观众的视线引向画面中心，起到聚集视线的作用。图6-235所示为向心式构图航拍画面。

图6-234　二分法构图拍摄画面　　　　　图6-235　向心式构图拍摄画面

5. 对称式构图

对称式构图是指将画面分为左右或上下两部分，形成左右呼应或上下呼应，表现的空间比较宽阔。图6-236所示为对称式构图航拍画面。

6. 曲线构图

采用曲线构图的画面较为柔和、圆润。不同景深的画面通过曲线构图进行贯通，可以很好地营造空间感，给人想象的空间。图6-237所示为曲线构图航拍画面。

图6-236　对称式构图拍摄画面　　　　　图6-237　曲线构图拍摄画面

7. 消失点构图

采用消失点构图的画面更具冲击力，而且平行线会引导观众将视线移至消失点，使画面的空间感更强。图6-238所示为消失点构图航拍画面。

8. V形构图

V形构图可以有效增强画面的空间感，同时让画面得到更为有趣的分割。直线更容易分割画面，使画面变得有棱有角，各个元素之间的关系会产生微妙的韵味。图6-239所示为V形构图航拍画面。

图6-238　消失点构图拍摄画面　　　　　图6-239　V形构图拍摄画面

6.5.2　无人机拍摄的高度和角度

拍摄的高度和角度决定视野，无人机拍摄的画面能给人们带来强烈的视觉冲击，让人感受到天地的博大。无人机拍摄时需要根据被摄对象的实际情况来决定拍摄的高度和角度。

例如在无人机拍摄错落有致的建筑群时，可以使无人机飞到建筑群上方，使用水平略向下的俯视角度进行拍摄，这样画面中既会有远处的蓝天白云，又会有气势恢宏的建筑群，天空和地面相交处的色彩也较为和谐统一，如图6-240所示。

如果被摄主体是高大单体建筑，那么无人机的高度和拍摄角度就应当加以调整，可以让无人机飞到建筑物的顶部，选择垂直或接近垂直的角度进行俯拍，这样透视会让画面的冲击力和张力都很强烈，如图6-241所示。

图6-240　建筑群的拍摄　　　　　　图6-241　高大单体建筑的拍摄

如果被摄主体是广阔的自然风光，那么航拍时切忌 "好高骛远"，要降低高度，低空进行拍摄，角度也要适当变化和调整，这样就会让静止的画面因为增加了动感而变得生动起来，如图6-242所示。

（a）　　　　　　　　　　　　　（b）

图6-242　自然风光的拍摄

6.5.3　无人机的运动方式和运动速度

除了构图、高度和角度，最能够影响航拍画面的，就是无人机的运动方式和运动速度了。面对同样的天气、同样的景色，无人机采用不同的运动方式和运动速度，所拍摄的画面会有截然不同的效果。

1. 运动方式

无人机的运动方式基本上有直飞、摇动、侧飞、环绕、升降、渐远/俯冲几种方式。如果运用得当，这几种简单的运动方式就可以让你的航拍画面 "活" 起来。无人机运动的方式要根据所拍摄的内容而定，要为被摄主体服务。

（1）直飞

直飞是航拍中最简单、常用的无人机运动方式，可简单理解为无人机在空中直线飞行，即无人机保持一定高度沿直线前进或后退。

前进直飞适合拍摄视野广阔的场景，用于渐进突出主体，交代主体与背景环境的关系。如果有狭窄空间或遮挡作为前景参照物，前进直飞将逐渐呈现开阔的画面，可营造豁然开朗的视觉观感。图6-243所示为无人机前进直飞拍摄效果。

后退直飞适合片段转场或结束，用于渐远弱化主体，暗示剧情的结束。后退直飞会将主体的前景参照物不断映入观众视野，丰富画面层次感。

图6-243　无人机前进直飞拍摄效果

（2）摇动

无人机悬停在空中做左右或上下的"摇头"运动。

无人机摇动运动方式拍摄出来的镜头称为摇镜，适合拍摄横向或纵向视野宽广的场景，在同一地理位置下，逐步展示完整的空间并交代更多画面信息。此外，也可用作逐渐揭开悬疑氛围的一种拍摄手法。图6-244所示为无人机摇动拍摄效果。

图6-244　无人机摇动拍摄效果

（3）侧飞

侧飞可简单理解为无人机镜头面向主体，从主体的左侧或右侧，向另一侧直线飞行的运动。

相比于摇动，侧飞增强了拍摄画面的运动幅度和速度感。此外，侧飞也可以用于运动主体侧面的同步跟随拍摄，以营造身临其境般的视觉观感。图6-245所示为无人机侧飞拍摄效果。

图6-245　无人机侧飞拍摄效果

（4）环绕

环绕可简单理解为无人机镜头始终朝向主体，以一定距离做弧形或圆周轨迹的运动，俗称为"刷锅"。

环绕适合用于需要全方位、多角度刻画拍摄主体，使主体形象更为立体、生动的拍摄场景。此外，也可以呈现如同环顾四周的画面效果，让观众清楚主体周围的背景环境。图6-246所示为无人机环绕拍摄效果。

图6-246　无人机环绕拍摄效果

（5）升降

得利于无人机的特性，无人机的升降运动方式在航拍中也非常常用。根据云台的控制角度，升降通常可以分为平视升降或俯视升降，对应所呈现的画面的表现效果也有所不同。

平视升降时，无人机镜头方向水平朝前，适合捕捉高耸建筑的近景细节，或穿过低空视野遮挡后映入豁然开朗的宏伟高空视野。拉升镜头可以营造出开篇布局的视觉效果，反之降低镜头则寓意剧情落幕的效果。

俯视升降时，无人机镜头方向垂直向下，适合捕捉如同"上帝视角"俯瞰地面万物的画面效果，在地面局部与大全景之间切换。图6-247所示为无人机平视下降拍摄效果。

图6-247　无人机平视下降拍摄效果

（6）渐远/俯冲

无人机的渐远/俯冲运动方式可简单理解为无人机在后退或前进直飞的同时，做升高或降低的运动，并使画面重心始终保持在主体身上。

渐远适合拍摄从主体近景至远景，以交代整体环境的场景，营造居高临下的氛围感的画面，而俯冲则刚好反之。图6-248所示为无人机俯冲拍摄效果。

图6-248　无人机俯冲拍摄效果

2. 运动速度

在航拍过程中，无人机的运动速度也是很重要的影响因素。无人机距离地面的高度决定了无人机的运动速度。无人机离地面较近飞行时，地面的景物变化较快；相反，离地面较远飞行时，地面的景物变化较慢甚至没有变化，从而使画面效果不同。所以无人机的运动速度可根据画面需要做适当调整。

6.5.4　无人机拍摄的技巧

刚接触航拍时，许多拍摄者总是先将无人机一股脑上升至很高的高度，而后在地面上苦恼该拍摄什么、从哪儿开始拍摄。本小节将向大家介绍几个航拍的小技巧。

1. 向前推进

向前推进是指航拍某个主体时，无人机镜头从远处逐渐向被摄主体靠近，与此同时，还可以结合向上爬升的动作，突出被摄主体的高大、雄伟。向前推进可以着重表现和突出被摄主体。图6-249所示为使用无人机向前推进拍摄的画面。

图6-249　使用无人机向前推进拍摄的画面

2. 越前景飞行

越前景飞行是指在航拍目标对象之前，先找到另一个物体当作前景，无人机从前景飞过，展现被摄对象。这样在视觉上能够表现出很好的转折效果，使镜头看起来更具动感，更有节奏。图6-250所示为使用无人机越前景飞行拍摄的画面。

图6-250　使用无人机越前景飞行拍摄的画面

3. 向后拉远

向后拉远的拍摄手法在影视作品中比较常见，即无人机镜头从一个中心位置向后退去，画面逐渐变得辽阔宏大，多用于表现壮观的全景。向后拉远一般用在片尾交代全景，无人机后飞的同时慢慢拉升，直到整个被摄物体及壮观的背景出现，再加上一个淡出的效果，整个场景的拍摄就可以完美结束了。图6-251所示为使用无人机向后拉远拍摄的画面。

注意，在使用向后拉远的拍摄手法时，一定要注意无人机背后是否有高大的建筑物，以免发生碰撞。

图6-251　使用无人机向后拉远拍摄的画面

4. 贴地飞行

使用无人机贴地飞行拍摄，能够把更具动感的画面呈现给观众。不过在贴地飞行拍摄之前需要选择宽阔的地面，并且保持地面的干净与整洁，这样拍摄出来的画面才不会显得杂乱。图6-252所示为使用无人机贴地飞行拍摄的画面。

图6-252　使用无人机贴地飞行拍摄的画面

5. 跟随拍摄

如果需要拍摄运动的物体，就可以使用跟随拍摄的手法。拍摄者可以手动操作无人机进行跟随拍摄，当然有些无人机也提供了自动跟随拍摄的功能。在使用无人机跟随拍摄时，需要注意无人机的飞行高度及周边环境。图6-253所示为使用无人机跟随拍摄的画面。

图6-253　使用无人机跟随拍摄的画面

6. 穿梭飞行

穿梭飞行主要用于航拍穿越桥梁、树林、山峰等一些相对狭窄区域的镜头，能够在视觉上获得更紧张的临场感，但是需要拍摄者具有丰富的无人机操作经验。图6-254所示为使用无人机穿梭飞行拍摄的画面。

图6-254　使用无人机穿梭飞行拍摄的画面

7. 对向飞行

对向飞行拍摄是指通过无人机与被摄物体的对向运动来获得紧张刺激的镜头，画面强调的是紧张和高速，一般多用于拍摄高速运动的物体，如赛车、摩托车等。对向飞行拍摄的难点在于无人机与被摄物体越近效果会越好，但又不能与被摄物体撞上。图6-255所示为使用无人机对向飞行拍摄的画面。

图6-255　使用无人机对向飞行拍摄的画面

8. 90°俯拍

90°俯拍主要运用于比较规整的地面俯拍镜头，能够把环境整体的地形地貌及景观布局很好地呈现出来，并且带有叙事性的渲染效果。图6-256所示为使用无人机90°俯拍的画面。

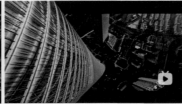

图6-256　使用无人机90°俯拍的画面

9. 扫描式拍摄

扫描式拍摄比较简单，是指使用无人机从被摄对象的一端匀速飞到另一端，可以是上升，也可以是下降，还可以是左右移动。不同方向的扫描式拍摄，所呈现的画面效果也有所不同。图6-257所示为使用无人机扫描式拍摄的画面。

图6-257　使用无人机扫描式拍摄的画面

10. 环绕拍摄

环绕拍摄也称为兴趣点环绕，是指通过手动操作或者一键环绕功能来实现环绕被摄对象进行拍摄，被摄对象可以是一个人、一座塔或者一个建筑物。这种手法主要用来交代被摄对象和环境的关系。图6-258所示为使用无人机环绕拍摄的画面。

图6-258　使用无人机环绕拍摄的画面

TIPS 小贴士

航拍过程中，为了避免航拍镜头出现空洞感，需要注意前后景的层次，这也是非常重要的一个技巧，例如近景和远景的虚实对比可以让画面摆脱呆板沉闷的氛围。

6.5.5 制作科幻感城市航拍宣传短视频

航拍能够以独特的视角展现城市的全貌，是目前比较流行的城市宣传短视频拍摄方法。本小节将制作一个科幻感城市航拍宣传短视频。在该短视频的制作过程中，主要通过对视频素材进行镜像处理并添加蒙版，使两个视频素材能够很好地融合在一起，从而表现出科幻感。

实战 制作科幻感城市航拍宣传短视频

最终效果：资源＼第6章＼6-5-5.mp4

视频：视频＼第6章＼制作科幻感城市航拍宣传短视频.mp4

01. 打开"剪映"App，点击"开始创作"图标，在素材选择界面中按顺序选择多段视频素材，点击"添加"按钮，如图6-259所示，将选择的多段视频素材同时添加到时间轴区域中。选择第1段视频素材，在预览区域中将其向下移至合适的位置，如图6-260所示。

02.　取消时间轴区域中素材的选中状态，确认时间指示器位于第1段视频素材的起始位置，点击底部工具栏中的"画中画"图标，再点击"画中画"二级工具栏中的"新增画中画"图标，如图6-261所示。在素材选择界面中选择与时间轴区域中第1段视频素材相同的视频素材，点击"添加"按钮，效果如图6-262所示。

图6-259　选择多段视频素材　　图6-260　将第1段视频素材向下移动　　图6-261　点击"新增画中画"图标　　图6-262　添加画中画素材

03.　点击底部工具栏中的"编辑"图标，展开"编辑"的二级工具栏，点击"镜像"图标，可以对画中画素材进行左右镜像处理，效果如图6-263所示。点击底部工具栏中的"旋转"图标两次，可以将画中画素材顺时针旋转180°，如图6-264所示。

图6-263　对画中画素材进行镜像处理　　图6-264　对画中画素材进行旋转操作

TIPS 小贴士

"剪映"App 中只有水平镜像功能，并没有垂直镜像功能，而点击"旋转"图标一次可以将素材顺时针旋转 90°，所以这里先将素材水平镜像，再旋转两次，从而得到需要的垂直镜像效果。

04.　在预览区域中进行双指分展操作，将画中画素材放大，再将画中画素材向上移动到合适的位置，如图6-265所示。点击底部工具栏中的"返回"图标，点击底部工具栏中的"蒙版"图标，在弹出选项中点击"线性"图标，为画中画素材添加线性蒙版，如图6-266所示。点击底部蒙版选项左下角的"反转"选项，反转所添加的线性蒙版，如图6-267所示。

图6-265　调整画中画素
材的大小和位置

图6-266　为画中画素材
添加线性蒙版

图6-267　反转蒙版

TIPS 小贴士

点击"反转"选项，可以切换素材蒙版中的显示区域和隐藏区域。

05. 在预览区域中拖动蒙版边缘线，调整蒙版范围，效果如图6-268所示。在预览区域中拖动
"蒙版羽化"图标，可以调整蒙版边缘的羽化程度，如图6-269所示。

图6-268　调整蒙版范围

图6-269　调整蒙版边缘的羽化程度

06. 完成蒙版的调整，点击右下角的对号图标，应用蒙版设置，如图6-270所示。在预览区域中
适当调整主轨道和画中画轨道中视频素材的位置。将时间指示器移至第2段视频素材的起始位置，点
击"画中画"二级工具栏中的"新增画中画"图标，如图6-271所示。在素材选择界面中选择与时间
轴区域中第2段视频素材相同的视频素材，点击"添加"按钮，如图6-272所示。

07. 根据第1段画中画素材的处理方法对第2段画中画素材进行处理，效果如图6-273所示。使用
相同的制作方法，为第3段视频素材添加相同的画中画素材并进行设置，效果如图6-274所示。

08. 点击底部工具栏中的"返回"图标，返回主工具栏，将时间指示器移至视频结束位置，点
击时间轴区域右侧的加号图标，如图6-275所示。在素材选择界面中切换到"素材库"选项卡，选择
黑场素材，点击"添加"按钮，如图6-276所示，将黑场素材添加到视频结束位置，如图6-277所示。

图6-270　应用蒙版设置

图6-271　点击 "新增画中画" 图标

图6-272　添加第2段画中画素材

图6-273　完成第2段画中画素材的处理

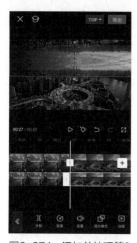

图6-274　添加并处理第3段画中画素材

图6-275　点击加号图标

图6-276　选择素材库中的黑场素材

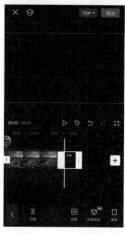

图6-277　添加黑场素材

09.　点击第1段与第2段视频素材之间的白色方块图标，如图6-278所示。界面底部会显示内置的转场效果，切换到 "运镜" 选项卡，点击 "拉远" 转场效果缩览图，如图6-279所示，点击对号图标，在这两段素材之间应用 "拉远" 转场。

10.　点击第2段与第3段视频素材之间的白色方块图标，点击 "运镜" 选项卡中的 "推近" 转场，如图6-280所示，点击对号图标。点击第3段视频素材与黑场素材之间的白色方块图标，点击 "叠化" 选项卡中的 "闪黑" 转场，如图6-281所示，点击对号图标。

11.　点击底部工具栏中的 "音频" 图标，在其二级工具栏中点击 "音乐" 图标，切换到 "添加音乐" 界面，如图6-282所示。选择 "纯音乐" 类别，进入该类别音乐列表，找到合适的音乐，点击 "使

图6-278　点击素材之间的白色方块图标

图6-279　点击 "拉远" 转场

用"按钮，如图6-283所示。选择的音乐会自动添加到时间轴区域的音频轨道中，如图6-284所示。

12. 选择刚添加的音乐，拖动其白色边框的右端进行裁剪，调整到音乐时长与短视频时长相同，如图6-285所示。点击底部工具栏中的"淡化"图标，设置"淡出时长"为3秒，点击对号图标，如图6-286所示。点击界面右上角的"导出"按钮，显示视频导出进度，如图6-287所示，导出短视频。

图6-280　点击"推近"转场

图6-281　点击"闪黑"转场

图6-282　"添加音乐"界面

图6-283　选择合适的音乐

图6-284　将音乐添加到音乐轨道中

图6-285　对音乐进行裁剪

图6-286　设置"淡出时长"选项

图6-287　显示视频导出进度

13. 完成科幻感城市宣传短视频的制作，点击预览区域中的"播放"图标，可以预览短视频效果，如图6-288所示。

图6-288　预览短视频效果

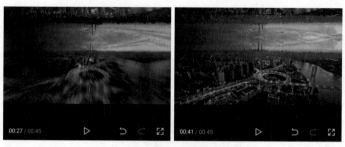

图6-288　预览短视频效果（续）

6.6 本章小结

　　短视频的创作重点在于创意，剪辑软件的功能是有限的，而创意是无限的，拥有良好的创意才能够制作出出色的短视频作品。通过对本章内容的学习，读者能够掌握使用 "剪映" App对短视频进行剪辑的方法和技巧。读者还应通过不断的练习，逐步提高自己的短视频剪辑水平。

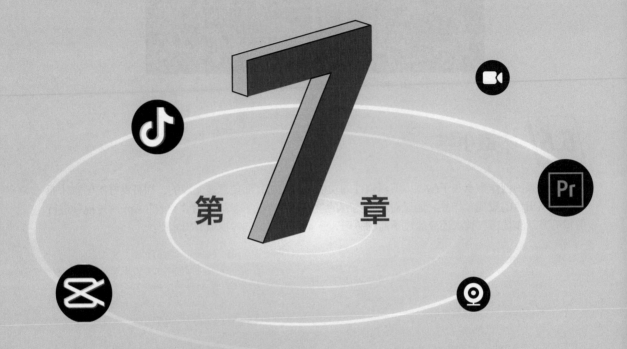

第7章

掌握Premiere的基本操作

　　Premiere 是 Adobe 公司推出的一款基于 PC 平台的视频后期处理软件，广泛应用于短视频编辑、电视节目制作和影视后期处理等领域。Premiere 可以精确调整视频的每帧画面，视频画面编辑质量优良，具有良好的兼容性，是目前视频后期处理中广泛使用的软件之一。

　　本章将向读者介绍 Premiere 的基本操作方法，使读者能够掌握使用 Premiere 对短视频进行后期处理的方法。

7.1 Premiere基础

在使用Premiere进行视频后期处理之前，首先需要认识Premiere的工作界面以及基本操作。

7.1.1 认识Premiere的工作界面

完成Premiere的安装，启动Premiere，启动界面如图7-1所示。启动之后，界面中显示"开始"窗口，该窗口中为用户提供了项目的基本操作按钮，如图7-2所示，包括"新建项目""打开项目"等，单击相应的按钮，可以快速进行相应的项目操作。

图7-1 启动界面

图7-2 "开始"窗口

Premiere采用了面板式的操作环境，整个工作界面由多个活动面板组成，视频的后期处理就是在各种面板中进行的。Premiere的工作界面主要由菜单栏、工作界面布局、"源"监视器窗口、"节目"监视器窗口、"项目"面板、"工具"面板、"时间轴"面板和"音频仪表"面板等组成，如图7-3所示。

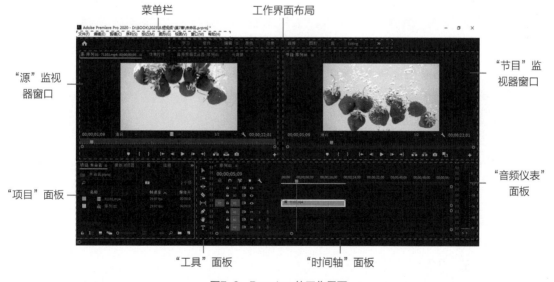

图7-3 Premiere的工作界面

1. 菜单栏

Premiere的菜单栏中包含9个菜单选项，分别是"文件""编辑""剪辑""序列""标记""图形""视图""窗口""帮助"，如图7-4所示。只有选中可操作的相关素材元素之后，菜单中的相关命令才会被激活，否则处于灰色不可用的状态。

图7-4　Premiere的菜单栏

2. 工作界面布局

Premiere为用户提供了9种工作界面布局方式，包括"学习""组件""编辑""颜色""效果""音频""图形""库""Editing"，默认的工作界面布局方式为"编辑"，如图7-5所示。单击相应的名称，即可将工作界面切换到相应的布局方式。

学习　　　　组件　　　　编辑 ≡　　颜色　　　　效果　　　　音频　　　　图形　　　　库　　　　Editing　　　》

图7-5　工作界面布局方式

3. 监视器窗口

Premiere中包含两个监视器窗口，分别是"源"监视器窗口和"节目"监视器窗口。"源"监视器窗口主要用来预览和修剪素材，如图7-6所示。"节目"监视器窗口主要用来显示视频处理后的最终效果，如图7-7所示。

图7-6　"源"监视器窗口

图7-7　"节目"监视器窗口

4. "项目"面板

"项目"面板用于对素材进行导入和管理，如图7-8所示。该面板中显示了素材的属性信息，包括缩览图、类型、名称、颜色标签、出入点等，用户也可以在该面板中为素材执行新建、分类、重命名等操作。

5. "工具"面板

"工具"面板中提供了多种可以对素材进行添加、分割或删除关键帧等操作的工具，如图7-9所示。

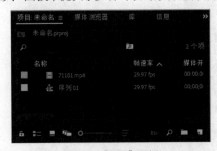

图7-8　"项目"面板

图7-9　"工具"面板

6. "时间轴"面板

"时间轴"面板是Premiere的核心部分，如图7-10所示。在该面板中，用户可以按照时间顺序排列和连接各种素材，实现对素材的剪辑、插入、复制、粘贴等操作，也可以叠加图层、设置动画的关键帧及合成效果等。

7. "音频仪表"面板

在"音频仪表"面板中，用户可以对"时间轴"面板音频轨道中的音频素材进行相应的设置，例如设置音量的高低、左右声道等。

图7-10 "时间轴"面板

7.1.2 **创建项目文件和序列**

Premiere的项目文件包含了序列及组成序列的素材,如视频、图片、音频、字幕等。项目文件还存储着一些图像采集设置、切换和音频混合、编辑结果等信息。在 Premiere中,所有的任务都是通过项目的形式存在和呈现的。

Premiere的一个项目文件是由一个或多个序列组成的,最终输出的影片包含了项目中的序列。序列对项目极其重要,因此有必要熟练掌握序列的操作。下面介绍如何在Premiere中创建项目文件和序列。

1. 创建项目文件

启动Premiere,可以在"开始"窗口中单击"新建项目"按钮,也可以执行"文件>新建>项目"命令,弹出"新建项目"对话框,如图7-11所示。在"名称"选项后的文本框中输入项目名称,单击"位置"选项后的"浏览"按钮,选择项目文件的保存位置,其他选项可以采用默认设置,如图7-12所示。

单击"确定"按钮即可创建一个新的项目文件,在项目文件的保存位置可以看到创建的Premiere项目文件,如图7-13所示。

图7-11 "新建项目"对话框

图7-12 设置项目名称和保存位置

图7-13 创建的项目文件

TIPS 小贴士

> 打开项目文件时可以执行"文件 > 打开"命令,或者执行"文件 > 打开最近使用的内容"命令。"打开最近使用的内容"命令的二级菜单中,会显示用户最近一段时间打开过的项目文件。

2. 创建序列

完成项目文件的创建之后,接下来需要在该项目文件中创建序列。执行"文件>新建>序列"命令,或者单击"项目"面板上的"新建项"图标█,在弹出的菜单中选择"序列"命令,如图7-14所示。弹出"新建序列"对话框,如图7-15所示。

图7-14 执行"序列"命令　　　　　　　　图7-15 "新建序列"对话框

在"新建序列"对话框中，默认显示的是"序列预设"选项卡，该选项卡中罗列了诸多预设方案，选择某一方案后，在对话框内右侧的列表框中可以查看对应的方案描述及详细参数。

选择"设置"选项卡，可以在预设方案的基础上进一步修改相关设置和参数，如图7-16所示。单击"确定"按钮，完成"新建序列"对话框的设置，在"项目"面板中可以看到创建的序列，如图7-17所示。

图7-16 "设置"选项卡　　　　　　　　图7-17 "项目"面板

7.1.3 将素材导入项目文件

在Premiere中进行视频后期处理时，首先需要将视频、图片、音频等素材导入"项目"面板。

如果需要将素材导入Premiere，可以执行"文件>导入"命令，或者在"项目"面板的空白位置双击，弹出"导入"对话框，选择需要导入的素材文件，如图7-18所示。单击"打开"按钮，即可将所选择的素材文件导入"项目"面板。

双击"项目"面板中的素材，可以在"源"监视器窗口中查看该素材的效果，如图7-19所示。

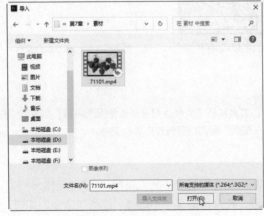

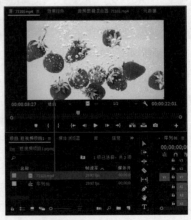

图7-18 "导入"对话框　　　　　图7-19 导入素材并在"源"监视器窗口中查看

TIPS 小贴士

> 在"导入"对话框中可以同时选中多个需要导入的素材，将多个素材同时导入"项目"面板，也可以单击"导入"对话框中的"导入文件夹"按钮，实现整个文件夹的导入。

7.1.4 项目文件的保存与输出操作

在Premiere中完成项目文件的编辑处理之后，需要将其进行保存。

执行"文件>保存"命令，或按快捷键【Ctrl+S】，可以对项目文件进行覆盖保存。

执行"文件>另存为"命令，弹出"保存项目"对话框，可以通过设置新的存储路径和项目文件名称进行保存。

执行"文件>保存副本"命令，弹出"保存项目"对话框，可以将项目文件以副本的形式进行保存。

完成项目文件的编辑处理之后，还需要将项目文件导出为视频文件，当然在Premiere中还可以将项目文件导出为其他文件形式。

执行"文件>导出>媒体"命令，弹出"导出设置"对话框，如图7-20所示。在该对话框的右侧可以设置导出媒体的格式、输出名称、输出位置、模式预设、效果、视频、音频、字幕、发布等。

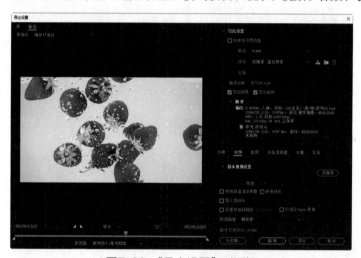

图7-20 "导出设置"对话框

设置完毕后，单击"导出"按钮，即可将制作好的项目文件导出为视频文件。

执行"文件>关闭项目"命令，可以关闭当前项目文件。

7.1.5 制作倒计时片头效果

认识了Premiere的工作界面，并且学习了Premiere的基本操作，接下来介绍使用Premiere制作简单的倒计时片头效果，使大家更加熟悉在Premiere中进行视频后期处理的基本操作流程。

实 制作倒计时片头效果
战 最终效果：资源\第 7 章\7-2-6.prproj
视频：视频\第 7 章\制作倒计时片头效果 .mp4

01. 执行"文件>新建>项目"命令，弹出"新建项目"对话框，设置项目文件的名称和位置，如图7-21所示。单击"确定"按钮，新建项目文件。执行"文件>新建>序列"命令，弹出"新建序列"对话框，在预设列表中选择"AVCHD"选项中的"AVCHD 1080p30"选项，并设置序列名称，如图7-22所示。单击"确定"按钮，新建序列。

图7-21　"新建项目"对话框　　　图7-22　"新建序列"对话框

02. 双击"项目"面板的空白位置，弹出"导入"对话框，导入视频素材71501.mp4，如图7-23所示。单击"项目"面板右下角的"新建项"图标，在弹出的菜单中执行"通用倒计时片头"命令，如图7-24所示。

图7-23　导入视频素材　　　图7-24　执行"通用倒计时片头"命令

03. 弹出"新建通用倒计时片头"对话框，根据导入的视频素材对该对话框中的相关选项进行设置，如图7-25所示。单击"确定"按钮，弹出"通用倒计时设置"对话框，可以对倒计时片头的背景颜色、文字颜色和提示音选项等进行设置，如图7-26所示。

图7-25　"新建通用倒计时片头"对话框　　图7-26　"通用倒计时设置"对话框

04. 单击"确定"按钮，完成通用倒计时片头的创建，如图7-27所示。将"通用倒计时片头"从"项目"面板拖入"时间轴"面板中的V1视频轨道上，再将71501.mp4视频素材拖入V1视频轨道上倒计时片头的后面，如图7-28所示。

图7-27　"项目"面板　　　图7-28　将通用倒计时片头和视频素材拖入"时间轴"面板

05. 完成倒计时片头的添加，在"节目"监视器窗口中单击"播放"按钮，预览视频效果，如图7-29所示。

图7-29 预览倒计时片头效果

06. 执行"文件>保存"命令，保存项目。选择"节目"面板，执行"文件>导出>媒体"命令，弹出"导出设置"对话框，在"格式"下拉列表中选择H.264选项，单击"输出名称"选项后的文字，设置输出的文件名称和位置，如图7-30所示。单击"导出"按钮，即可按照设置将项目文件导出为相应的视频文件，如图7-31所示。

图7-30 "导出设置"对话框

图7-31 导出视频文件

7.2 剪辑视频素材

Premiere是一款非线性编辑软件，其主要功能是通过各种剪辑技术对素材进行分割、拼接和重组，最终形成完整的作品。

7.2.1 监视器窗口

监视器窗口包括"源"监视器窗口和"节目"监视器窗口，这两个窗口是视频后期处理的主要"阵地"。为了提高工作效率，本小节对这两个监视器窗口进行简单介绍。

双击"项目"面板中需要处理的视频素材，"源"监视器窗口中会显示该素材，如图7-32所示。

图7-32 "源"监视器窗口

"源"监视器窗口底部的功能操作按钮从左至右依次是"添加标记" ▣、"标记入点" ▣、"标记出点" ▣、"转到入点" ◄、"后退一帧" ◄、"播放–停止切换" ▶、"前进一帧" ▶、"转到出点" ►、"插入" ▣、"覆盖" ▣和"导出帧" ▣。

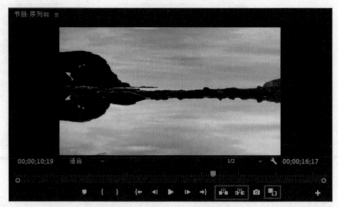

"节目"监视器窗口与"源"监视器窗口非常相似，如图7-33所示。序列上没有素材时，"节目"监视器窗口显示为黑色，只有序列上放置了素材，该窗口中才会显示素材的内容，这个内容就是最终导出的内容。

图7-33 "节目"监视器窗口

"节目"监视器窗口底部的功能操作按钮与"源"监视器窗口的基本相同，但有3个例外，它们就是"提升" ▣、"提取" ▣和"比较视图" ▣。

"节目"监视器窗口中的"提升"是指在"节目"监视器窗口中选取的素材片段在"时间轴"面板中的轨道上被删除，原位置内容空缺，等待新内容的填充，如图7-34所示。

"节目"监视器窗口中的"提取"是指在"节目"监视器窗口中选取的素材片段在"时间轴"面板中的轨道上被删除，后面的素材前移及时填补空缺，如图7-35所示。

图7-34 单击"提升"按钮的效果

图7-35 单击"提取"按钮的效果

"节目"监视器窗口中的"比较视图"是指在"节目"监视器窗口中将当前位置的画面与"源"监视器窗口中素材的原始画面进行对比。

"源"监视器窗口中的"插入"是指在"时间轴"面板中的当前时间位置之后插入选取的素材片段，当前时间位置之后的原素材自动向后移动，节目总时间变长。

"源"监视器窗口中的"覆盖"是指在"时间轴"面板中的当前时间位置使用选取的素材片段替换原有素材。如果选取的素材片段时长没有超过当前时间位置之后的原素材的时长，节目总时长不变；反之，节目总时长为当前时长加上选取的素材片段时长。

通过以上对比可以了解到，"源"监视器窗口是用来对"项目"面板中的素材进行剪辑的，并将剪辑得到的素材插入"时间轴"面板；而"节目"监视器窗口是用来对"时间轴"面板中的素材直接进行剪辑的。"时间轴"面板中的内容通过"节目"监视器窗口显示出来，也是最终导出的视频内容。

7.2.2 视频素材剪辑操作

单击"源"监视器窗口底部的"播放–停止切换"按钮 ▶，可以观看视频素材。拖动时间指示器至03秒18帧的位置，单击"标记入点"按钮 ▣，如图7-36所示，即可完成素材入点的设置。拖动时间指示器至04秒29帧的位置，单击"标记出点"按钮 ▣，如图7-37所示，即可完成素材出点的设置。

TIPS 小贴士

拖动时间指示器时难以拖动得很精确，可以借助"前进一帧"按钮 ▶或"后退一帧"按钮 ◄进行精确的调整。

图7-36　设置视频素材入点

图7-37　设置视频素材出点

单击"源"监视器窗口底部的"插入"按钮，即可将入点与出点之间的视频素材插入"时间轴"面板中的"V1"轨道，如图7-38所示。在"源"监视器窗口中拖动时间指示器至10秒08帧的位置，单击"标记入点"按钮，如图7-39所示。

图7-38　插入截取的视频素材

图7-39　设置视频素材入点

拖动时间指示器至13秒04帧的位置，单击"标记出点"按钮，如图7-40所示，完成视频素材中需要部分的截取。在"时间轴"面板中确认时间指示器位于第1段视频素材结束位置，单击"源"监视器窗口底部的"插入"按钮，即可将入点与出点之间的视频素材插入"时间轴"面板中的"V1"轨道，如图7-41所示，完成第2段视频素材的插入。

图7-40　设置视频素材出点

图7-41　插入截取的第2段视频素材

TIPS 小贴士

在"源"监视器窗口中设置素材的入点和出点，在"时间轴"面板中确定需要插入素材的位置，然后单击"源"监视器窗口中的"插入"按钮，将选取的素材插入时间轴，这种方法通常被称为"三点编辑"。

7.2.3　认识和使用编辑工具

默认情况下，"工具"面板位于"项目"面板与"时间轴"面板之间，用户可以根据自己的习惯调整"工具"面板的位置。

"工具"面板中包含了多个可用于视频后期处理的工具，具体功能介绍如下。

"选择工具"：使用该工具可以选择素材，进行将选择的素材拖至其他轨道等操作。

"向前选择轨道工具" ：当"时间轴"面板中的某一条轨道中包含多个素材时，单击该按钮可以选中当前所选素材右侧的所有素材片段。

"向后选择轨道工具" ：当"时间轴"面板中的某一条轨道中包含多个素材时，单击该按钮可以选中当前所选素材左侧的所有素材片段。

"波纹编辑工具" ：使用该工具，将光标移至单个视频素材的开始或结束位置时，可以拖动调整素材长度，前方或后方的素材片段在调整后会自动吸附（修改的范围不能超出原素材的范围）。

"滚动编辑工具" ：使用该工具，可以在不影响轨道总长度的情况下，调整其中某个素材的长度（缩短其中一个素材的长度，其他素材变长；拉长其中一个素材的长度，其他素材变短）。需要注意的是，使用该工具时，素材必须已经修改过长度，且有足够的剩余时间来进行调整。

"比率拉伸工具" ：使用该工具，可以将原有的视频素材拉长，视频播放就变成了慢动作，也可以将原有的视频素材缩短，视频播放效果就类似于快进播放的效果。

"剃刀工具" ：使用该工具，在素材上合适的位置单击，可以在单击的位置分割素材。

"外滑工具" ：对于已经调整过长度的素材，在不改变素材长度的情况下，使用该工具在素材上拖动可以变换素材区间。

"内滑工具" ：使用该工具在素材上拖动，选中的素材长度不变，改变选中素材前后的素材长度。

"钢笔工具" ：使用该工具，可以在"节目"监视器窗口中绘制出任意形状的图形，该工具中还包含两个隐藏工具"矩形工具"和"椭圆工具"，分别用于绘制矩形和椭圆形。

"手形工具" ：使用该工具，可以在"时间轴"面板和监视器窗口中进行拖动预览。

"缩放工具" ：使用该工具，在"时间轴"面板中单击可以放大时间轴，按住【Alt】键单击可以缩小时间轴。

"文字工具" ：使用该工具，在"节目"监视器窗口中单击可以输入文字，该工具中还包含"垂直文字工具"，可以输入竖排文字。

1. 使用"波纹编辑工具"和"滚动编辑工具"

"波纹编辑工具"和"滚动编辑工具"经常替代"剃刀工具"，因为使用这两个工具对素材进行精剪，比使用"剃刀工具"更方便、更直观。

将两段视频素材拖入"时间轴"面板中的视频轨道，节目的总时长为06秒02帧。使用"波纹编辑工具" ，将光标移至第1段视频素材的结束位置，光标变为黄色的箭头形状，如图7-42所示。按住鼠标左键并向左拖动到适当的位置释放鼠标，第1段视频素材的出点前移，第2段视频素材的入点紧贴，整个节目总时长变短，如图7-43所示。

图7-42　光标效果　　　　　　　　　　图7-43　调整第1段视频素材的出点

使用"波纹编辑工具" ，将光标移至第2段视频素材的起始位置，当光标变为黄色的箭头时，按住鼠标左键并向右拖动到适当的位置释放鼠标，第2段视频素材的入点后移，第1段视频素材的出点紧贴，整个节目的总时长也随着变化，如图7-44所示。

图7-44　拖动调整第2段视频素材的入点

使用"滚动编辑工具"▦，将光标移至第1段视频素材与第2段视频素材之间的位置，按住鼠标左键拖动，可以同时调整第1段视频素材的出点和第2段视频素材的入点，但节目的总时长是不变的，如图7-45所示。

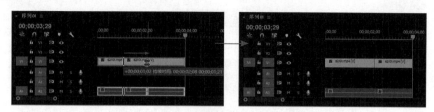

图7-45 同时调整第1段素材的出点和第2段素材的入点

2. 使用"外滑/内滑工具"

"外滑工具"和"内滑工具"在视频后期处理过程中也是经常被使用到的一组工具。使用这两个工具的前提是选中的素材已经调整过长度。

（1）使用"外滑工具"

使用"外滑工具"▦在选中的素材上左右拖动，可以改变素材的入点和出点，以便更好地和前后素材连接。

将3段视频素材拖入"时间轴"面板中的视频轨道。使用"外滑工具"▦，将光标移至视频轨道中第2段素材上方，单击并拖动鼠标，"节目"监视器窗口中会出现调整画面，如图7-46所示。

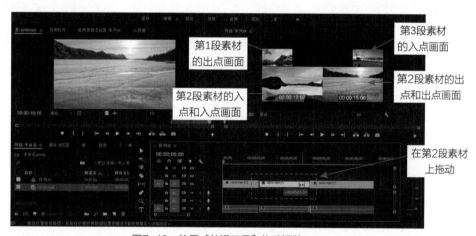

图7-46 使用"外滑工具"拖动调整

第2段素材的出点和入点随着拖动而不断变化，但左右两端第1段素材的出点与第3段素材的入点是保持不变的。在拖动过程中观察第1段素材与第2段素材画面的最佳衔接点，以及第2段素材与第3段素材画面的最佳衔接点，从而达到最佳视觉效果，而节目的总时长不变。

（2）使用"内滑工具"

使用"内滑工具"▦在选中的素材上左右拖动，所选中素材的入点和出点不变，改变的是前一个素材的出点和后一个素材的入点。

使用"内滑工具"▦，将光标移至视频轨道中第2段素材上方，单击并拖动鼠标，"节目"监视器窗口中会出现调整画面，如图7-47所示。

随着拖动，第2段素材的入点和出点是不变的，而左右两端第1段素材的出点和第3段素材的入点是在不断改变的。在拖动过程中观察第1段与第2段素材画面的最佳衔接点，以及第2段与第3段素材画面的最佳衔接点，从而达到最佳视觉效果，而节目的总时长不变。

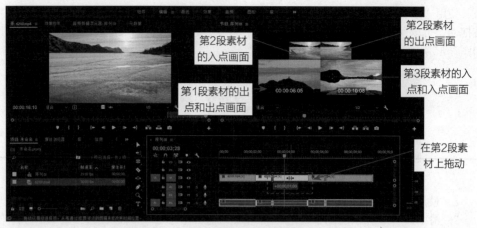

图7-47 使用"内滑工具"拖动调整

7.2.4 创建其他常用视频元素

Premiere除了内置有倒计时片头效果外，还内置了许多在视频剪辑过程中经常会用到的视频元素，包括黑场视频、彩条、颜色遮罩等，用户只需要通过简单的设置即可创建，非常方便。

1. 黑场视频

黑场视频可以加在片头或两个素材中间，目的是预留处理位置，在片头制作完成后替换黑场视频或在两个素材之间添加转场效果时，不至于太突兀。

执行"文件>新建>黑场视频"命令，或者单击"项目"面板右下角的"新建项"图标，在弹出的菜单中执行"黑场视频"命令，如图7-48所示。弹出"新建黑场视频"对话框，对相关参数进行设置，一般默认采用当前序列的各个参数设置，如图7-49所示。

图7-48 执行"黑场视频"命令

图7-49 "新建黑场视频"对话框

单击"确定"按钮，即可创建一个黑场视频并显示在"项目"面板中，可以将创建的黑场视频拖入"时间轴"面板的视频轨道，后面接其他视频素材，或者放置在两个视频素材之间，实现镜头的过渡。

2. 彩条

彩条一般添加在片头，用来测试显示设备的颜色、色度、亮度、声音等是否符合标准。Premiere中包含彩条和HD彩条两种，其中HD彩条是高清格式的，用户可以根据需要自行选择使用。

执行"文件>新建>HD彩条"命令，或者单击"项目"面板右下角的"新建项"图标，在弹出的菜单中执行"HD彩条"命令，如图7-50所示。弹出"新建HD彩条"对话框，对相关参数进行设置，一般默认采用当前序列的各个参数设置，如图7-51所示。

单击"确定"按钮，即可创建一个HD彩条并显示在"项目"面板中，如图7-52所示。可以将创建的HD彩条

图7-50 执行"HD彩条"命令

拖入"时间轴"面板的视频轨道，后面接其他视频素材。在"节目"监视器窗口中可以看到HD彩条的效果，如图7-53所示。

图7-51　"新建HD彩条"对话框

图7-52　"项目"面板

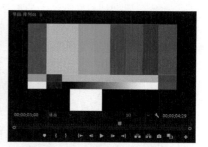

图7-53　预览HD彩条效果

3. 颜色遮罩

颜色遮罩主要用来制作影片背景，结合视频特效可以制作出漂亮的背景图案。

执行"文件>新建>颜色遮罩"命令，或者单击"项目"面板右下角的"新建项"图标，在弹出的菜单中执行"颜色遮罩"命令，如图7-54所示。弹出"新建颜色遮罩"对话框，对相关参数进行设置，一般默认采用当前序列的各个参数设置，如图7-55所示。

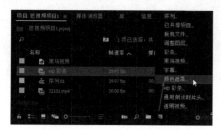

图7-54　执行"颜色遮罩"命令

图7-55　"新建颜色遮罩"对话框

单击"确定"按钮，弹出"拾色器"对话框，选择一种颜色，如图7-56所示。单击"确定"按钮，弹出"选择名称"对话框，设置颜色遮罩名称，如图7-57所示。单击"确定"按钮，即可创建一个颜色遮罩素材并显示在"项目"面板中，如图7-58所示。可以将创建的颜色遮罩素材拖入"时间轴"面板的视频轨道使用。

图7-56　"拾色器"对话框

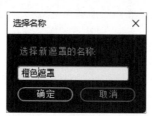

图7-57　"选择名称"对话框

图7-58　"项目"面板

TIPS 小贴士

在 Premiere 中除了可以创建通用倒计时片头、黑场视频、彩条、颜色遮罩等元素之外，还可以创建调整图层、透明视频、字幕、脱机文件等元素，创建方法与前面介绍的方法相似。

7.2.5　播放速率设置

执行"剪辑>速度/持续时间"命令，可以在弹出的对话框中设置视频播放的时长或比率，而使用"比率伸缩工具" ![] 操作更简便。使用"比例伸缩工具" ![] 将视频长度拉长，视频播放速度就会变慢，实现慢动作效果；将视频长度缩短，视频播放速度就会变快，实现快进效果。

　　例如，将"项目"面板中的视频素材拖入"时间轴"面板中的视频轨道，该视频素材的总时长为16秒17帧，如图7-59所示。使用"比率伸缩工具" ![] ，将光标移至视频素材结束位置，按住鼠标左键并向左拖动鼠标，如图7-60所示。

图7-59　将视频素材拖入视频轨道

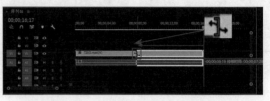

图7-60　使用"比率伸缩工具"进行拖动调整

　　将视频素材时长压缩至07秒28帧，释放鼠标左键完成调整，如图7-61所示。在"节目"监视器窗口中单击"播放"按钮，预览视频效果，可以发现视频的播放速度明显加快，如图7-62所示。

图7-61　完成视频素材的调整

图7-62　预览视频效果

　　使用"比率伸缩工具" ![] ，将光标移至视频素材结束位置，按住鼠标左键并向右拖动鼠标，将视频素材时长延长至1分钟，释放鼠标左键，如图7-63所示。在"节目"监视器窗口中单击"播放"按钮，预览视频效果，可以发现视频的播放速度明显变慢。

图7-63　使用"比率伸缩工具"进行拖动调整

　　使用"选择工具"，选择视频轨道中的视频素材，执行"剪辑>速度/持续时间"命令，弹出"剪辑速度/持续时间"对话框，如图7-64所示。在该对话框中可以精确地设置播放速度的百分比和视频素材持续时间，从而实现快放和慢放的效果。在"剪辑速度/持续时间"对话框中还可以设置视频素材的倒放速度，只需要勾选"倒放速度"复选框即可。

　　除了使用以上方法外，还可以使用效果控件里的"时间重映射"功能来改变视频的播放速度。

图7-64　"剪辑速度/持续时间"对话框

7.2.6　制作分屏显示效果

　　认识了Premiere的工作界面，并且学习了使用Premiere剪辑视频素材的基本操作，接下来介绍制作一个简单的分屏显示效果，使读者能够更加熟悉使用Premiere进行视频后期处理的基本操作流程。

实战 制作分屏显示效果

最终效果：资源 \ 第 7 章 \7-2-6.prproj

视频：视频 \ 第 8 章 \ 制作分屏显示效果 .mp4

01. 执行"文件>新建>项目"命令，弹出"新建项目"对话框，设置项目文件的名称和保存位置，如图7-65所示。单击"确定"按钮，新建项目文件。执行"文件>新建>序列"命令，弹出"新建序列"对话框，在预设列表中选择"AVCHD"选项中的"AVCHD 720p30"选项，如图7-66所示。单击"确定"按钮，新建序列。

图7-65 "新建项目"对话框　　　图7-66 "新建序列"对话框

02. 切换到"轨道"选项卡中，将"音频2"至"音频6"轨道删除，只保留"音频1"轨道，如图7-67所示。单击"确定"按钮，新建序列。双击"项目"面板的空白位置，弹出"导入"对话框，同时选中需要导入的多个不同类型的素材文件，如图7-68所示。

图7-67 设置"轨道"选项卡　　　图7-68 选择需要导入的多个素材文件

03. 单击"打开"按钮，将选中的多个素材导入"项目"面板，如图7-69所示。在"项目"面板中将72601.mp4拖到"时间轴"面板中的"V1"轨道上，如图7-70所示。

图7-69 "项目"面板　　　图7-70 将视频素材拖入"V1"轨道

TIPS 小贴士

如果向 Premiere 中导入的是 .mov 格式的视频素材，系统中需要安装 QuickTime，否则将无法导入。

04. 分别将72602.mp4和72603.mp4拖到"时间轴"面板中的"V2"和"V3"轨道上，如图7-71所示。分别对"V1"和"V3"轨道中的视频素材的时长进行调整，使3段视频素材的时长相同，如图7-72所示。

图7-71　将其他素材分别放置到"V2"和"V3"轨道上　　图7-72　调整视频素材的时长

05. 选择"V3"轨道中的视频素材，在"效果控件"面板中设置其"缩放"属性值为85%，并设置"位置"属性值，如图7-73所示，调整"V3"轨道中的视频素材到"节目"监视器窗口右下角的位置，如图7-74所示。

图7-73　设置"缩放"和"位置"属性　　图7-74　调整后"V3"轨道中视频素材的效果

06. 打开"效果"面板，在该面板的搜索框中输入"线性擦除"，搜索该效果，如图7-75所示。将搜索到的"线性擦除"效果拖至"时间轴"面板中"V3"轨道中的视频素材上，为其应用该效果，如图7-76所示。

图7-75　搜索视频效果　　图7-76　为素材应用"线性擦除"效果

07. 在"效果控件"面板中对"线性擦除"效果的"过渡完成"和"擦除角度"选项进行设置，如图7-77所示。在"节目"监视器窗口中可以看到视频素材的效果，如图7-78所示。

图7-77　设置"线性擦除"效果相关选项　　图7-78　"V3"轨道中视频素材的效果

08. 选择"V2"轨道中的视频素材，在"效果控件"面板中设置其"缩放"属性值为85%，并设置"位置"属性值，如图7-79所示，调整"V2"轨道中的视频素材到"节目"监视器窗口左下角的位置，如图7-80所示。

图7-79　设置"缩放"和"位置"属性　　　　图7-80　调整后"V2"轨道中视频素材的效果

09. 在"效果"面板中将"线性擦除"效果拖至"时间轴"面板中"V2"轨道中的视频素材上，为其应用该效果。在"效果控件"面板中对"线性擦除"效果的"过渡完成"和"擦除角度"选项进行设置，如图7-81所示。在"节目"监视器窗口中可以看到"V2"轨道中视频素材的效果，如图7-82所示。

图7-81　设置"线性擦除"效果相关选项　　　　图7-82　"V2"轨道中视频素材的效果

10. 选择"V1"轨道中的视频素材，在"效果控件"面板中设置"位置"属性值，如图7-83所示，适当调整"V1"轨道中的视频素材在"节目"监视器窗口中的位置，如图7-84所示。

图7-83　设置"位置"属性　　　　图7-84　适当调整"V1"轨道中的视频素材的位置

11. 执行"文件>新建>旧版标题"命令，弹出"新建字幕"对话框，设置如图7-85所示。单击"确定"按钮，弹出旧版标题字幕设计窗口，使用"矩形工具"在窗口中绘制白色矩形，如图7-86所示。

12. 将光标移至所绘制矩形的角上拖动鼠标可以旋转矩形，调整矩形到合适的位置，如图7-87所示。使用相同的制作方法，绘制出其他矩形并分别调整到相应的位置，如图7-88所示。

图7-85　设置"新建字幕"对话框

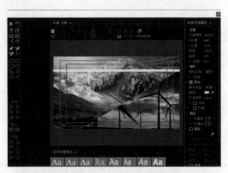

图7-86　绘制白色矩形

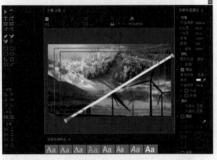

图7-87　旋转矩形并移动到合适的位置

图7-88　绘制其他矩形并分别调整位置

13. 关闭旧版标题字幕设计窗口，在"项目"面板中可以看到刚创建的名为"边框"的素材，如图7-89所示。在"时间轴"面板中的"V3"轨道上单击鼠标右键，在弹出的菜单中执行"添加单个轨道"命令，如图7-90所示，在"V3"轨道的上方添加"V4"轨道。

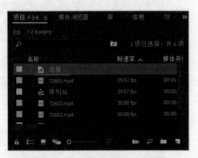

图7-89　刚创建的"边框"素材

图7-90　执行"添加单个轨道"命令

14. 在"项目"面板中将"边框"素材拖入"V4"轨道，并调整其时长与其他视频轨道中的素材时长相同，如图7-91所示。在"项目"面板中将72604音频素材拖入"A1"轨道，并调整其时长与其他视频轨道中的素材时长相同，如图7-92所示。

图7-91　拖入"边框"素材并调整时长

图7-92　拖入音频素材并调整时长

15. 完成分屏显示效果的制作，在"节目"监视器窗口中单击"播放"按钮，预览视频效果，如图7-93所示。

图7-93　预览分屏显示效果

7.3 添加并设置音频

人类能够听到的所有声音都可以被称为音频，如鸟叫声、人类的说话声等。在视频后期处理过程中，音频编辑起着非常重要的作用，适当地添加音频可以使作品锦上添花，达到意想不到的效果。

7.3.1 音频素材的添加与设置

在Premiere中不仅可以对视频素材进行编辑，同样也可以对音频素材进行编辑，并且其编辑方法与视频素材的编辑方法相似。

1. 分离与链接音视频

许多视频素材带有在拍摄过程中自动收录的音频，可以在Premiere中将视频与音频分离，分离后就可以分别对视频和音频进行处理。

将"项目"面板中的视频素材拖入"时间轴"面板中的"V1"视频轨道，如图7-94所示。可以看到该视频素材自带音频，系统自动将音频放置到音频轨道中。

如果需要取消视频与音频的链接状态，可以在"时间轴"面板中的视频素材上单击鼠标右键，在弹出的菜单中执行"取消链接"命令，如图7-95所示。

图7-94　将视频素材添加到视频轨道　　　　图7-95　执行"取消链接"命令

取消音频与视频的链接状态之后，选中音频素材，按【Delete】键即可将该音频素材单独删除，如图7-96所示。

图7-96　删除音频素材

重新导入一段音频素材，并将其拖入"时间轴"面板中的"A1"轨道，如图7-97所示。在"时间轴"面板中同时选中需要链接的视频素材和音频素材，单击鼠标右键，在弹出的菜单中执行"链接"命令，如图7-98所示，即可链接所选中的视频素材和音频素材。

图7-97　将音频素材添加到"时间轴"面板中

图7-98　执行"链接"命令

2. 添加和删除音频轨道

　　执行"序列>添加轨道"命令，弹出"添加轨道"对话框，可以在该对话框中设置添加音频轨道的数量，在"轨道类型"下拉列表中可以选择所添加音频轨道的类型，如图7-99所示。单击"确定"按钮，即可按照设置在"时间轴"面板中添加相应的音频轨道，如图7-100所示。

图7-99　"添加轨道"对话框

图7-100　添加音频轨道

　　执行"序列>删除轨道"命令，弹出"删除轨道"对话框，在"音频轨道"选项区中的"音频轨道"下拉列表中选择需要删除的轨道，如图7-101所示。单击"确定"按钮，即可将所选择的音频轨道删除，如图7-102所示。

图7-101　"删除轨道"对话框

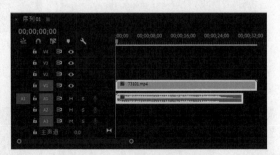

图7-102　删除指定的音频轨道

3. 调整音频的播放速度和持续时间

　　与视频素材一样，在应用音频素材时，可以对其播放速度和持续时间进行修改。

　　选择"时间轴"面板中需要调整的音频素材，执行"剪辑>速度/持续时间"命令，弹出"剪辑速度/持续时间"对话框，如图7-103所示，修改"速度"选项可以调整音频素材的播放速度，修改"持续时间"选项可以调整音频素材的时长。

另外，还可以通过拖动的方式调整音频素材的时长。将光标移至"时间轴"面板中需要调整时长的音频素材右侧，当光标变为红色左向箭头时，按住鼠标左键并向左拖动，拖动到合适的位置释放鼠标，即可对音频素材进行裁剪操作，如图7-104所示。

图7-103　"编辑速度/持续时间"对话框

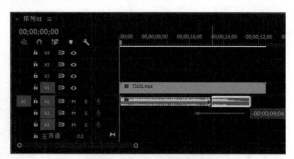
图7-104　裁剪音频素材

TIPS 小贴士

在"剪辑速度/持续时间"对话框中修改"速度"选项时，音频素材的播放速度和持续时间都会发生变化，因此音频素材的节奏也改变了。

7.3.2　音频效果设置

Premiere不仅为视频素材提供了众多的视频效果，同样也为音频素材提供了众多的音频效果，使用这些内置的音频效果，可以很方便地对音频素材进行调整和设置，从而达到需要的听觉效果。

1. 音频增益

音频增益用于调整音频信号的声调高低。当一个视频片段同时拥有几个音频素材时，就需要平衡这几个音频素材的增益。如果有一个音频素材音频信号的声调太高或太低，就会影响播放时的音频效果。

选择"时间轴"面板中需要调整的音频素材，执行"剪辑>音频选项>音频增益"命令，弹出"音频增益"对话框，如图7-105所示。选择"调整增益值"选项，在该选项右侧输入数字修改增益值，如图7-106所示。

图7-105　"音频增益"对话框

图7-106　设置"调整增益值"选项

完成设置后，可以通过"源"监视器窗口查看音频波形变化，播放修改后的音频素材，试听音频效果。

TIPS 小贴士

在音频素材播放过程中，可以观察"时间轴"面板右侧的"音频仪表"面板，正常的音频音量为 -6dB，如果音量超过音频仪表中的 0dB，则会显示为红色，声音出现爆点。

2. 添加音频效果

音频效果的添加方法与视频效果的添加方法相同，在"效果"面板中展开"音频效果"选项，Premiere为用户提供了众多内置的音频效果，如图7-107所示。拖动需要应用的音频效果选项至"时间轴"面板中的音频素材上，即可为音频素材应用相应的音频效果。

Premiere还为音频素材提供了简单的切换方式，在"效果"面板中展开"音频过渡"选项，可以看到内置的音频过渡效果，如图7-108所示。为音频素材添加过渡效果的方式与为视频素材添加过渡效果的方式相同。

图7-107 "音频效果"选项　　　　图7-108 "音频过渡"选项

3. 常用音频效果

"音频效果"选项中包含了多种音频效果，下面对常用的几种音频效果进行简单的介绍。

"多功能延迟"音频效果：一种多重延迟效果，可以对素材中的原始音频添加4次回声。

"多频段压缩器"音频效果：一个可以分波段控制的三波段压缩器，当需要柔和的声音压缩时，可以使用该效果。

"低通"音频效果：用于删除高于指定频率界限的频率。

"低音"音频效果：用于增大或减小低频（ 200Hz 及更低），该效果适用于5.1立体声或单声道剪辑。

"平衡"音频效果：允许控制左右声道的相对音量，设置正值增大右声道的音量，设置负值增大左声道的音量。

"互换声道"音频效果：可以交换左右声道信息的位置。

"声道音量"音频效果：可以独立控制立体声、5.1声道或轨道中每条声道的音量。每条声道的音量级别以分贝衡量。

"参数均衡器"音频效果：可以增大或减小与指定中心频率接近的频率。

"反转"音频效果：用于将所有声道的状态进行反转。

"室内混响"音频效果：通过模拟室内音频播放的声音，为音频添加气氛和温馨感，该效果适用于5.1立体声或单声道剪辑。

"延迟"音频效果：可以添加音频的回声，用于在指定时间后播放。

"消除嗡嗡声"音频效果：可以从音频中消除不需要的50Hz/60Hz的嗡嗡声，该效果适用于5.1立体声或单声道剪辑。

"音量"音频效果：可以提高音频电平而不被修剪，只有当信号超过硬件允许的动态范围时才会出现修剪，这时往往导致音频失真。

"高通"音频效果：用于删除低于指定频率界限的频率。

"高音"音频效果：允许增大或减小高频（ 4000Hz及以上）。

 7.4 掌握关键帧的使用方法

Premiere拥有强大的运动效果生成功能，用户通过简单的设置，就可以使静态的素材画面产生运动效果。关键帧动画可以在原有的视频画面基础上，通过创建关键帧对素材添加移动、变形、缩放等动画效果。

7.4.1 "效果控件"面板

将素材拖入"时间轴"面板中的视频轨道后，选中素材，切换到"效果控件"面板，视频效果可以分为"运动""不透明度""时间重映射"3种展开效果，可以看到每个效果的设置选项，如图7-109所示。

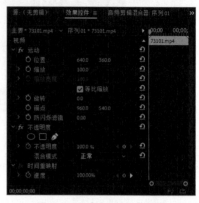

图7-109 "效果控件"面板

1."运动"效果

位置：可以设置素材在屏幕中的坐标位置。

缩放：可以设置素材等比例缩放程度。如果取消"等比缩放"复选框的勾选，该选项用于单独调整素材高度的缩放，宽度不变。

缩放宽度：默认为不可用状态，取消"等比缩放"复选框的勾选，可以通过该选项调整素材宽度的缩放。

等比缩放：默认为选中状态，素材按照等比例进行缩放。

旋转：可以设置素材在屏幕中的旋转角度。

锚点：可以设置素材移动、缩放和旋转的锚点位置。

防闪烁滤镜：消除视频素材中的闪烁现象。

2."不透明度"效果

创建蒙版工具：可创建椭圆形、矩形蒙版效果，还可绘制不规则形状蒙版效果。

不透明度：设置素材的透明效果。

混合模式：设置各素材之间的混合效果。

3."时间重映射"效果

速度：可以对素材的播放进行变速处理。

 小贴士

如果在"时间轴"面板中选择的素材是一个包含音频的视频素材，那么在"效果控件"面板中还会显示"音频效果"选项，用于对音频效果进行设置。

7.4.2 制作眼球转场效果

了解了"效果控件"面板中各种属性的作用之后，就可以通过为这些属性插入关键帧来制作相应的动画效果。下面将通过制作眼球转场效果，介绍如何使用Premiere中的蒙版功能及"效果控件"面板中各属性关键帧。

实战 制作眼球转场效果

最终效果：资源 \ 第 7 章 \7-4-2.prproj
视频：视频 \ 第 7 章 \ 制作眼球转场效果 .mp4

01. 执行"文件>新建>项目"命令，弹出"新建项目"对话框，设置项目文件的名称和保存位置，如图7-110所示。单击"确定"按钮，新建项目文件。执行"文件>新建>序列"命令，弹出"新建序列"对话框，在预设列表中选择"AVCHD"选项中的"AVCHD 1080p30"选项，如图7-111所示。

图7-110 "新建项目"对话框

图7-111 "新建序列"对话框

02. 切换到"轨道"选项卡中，将"音频2"至"音频6"轨道删除，只保留"音频1"轨道，如图7-112所示。单击"确定"按钮，新建序列。双击"项目"面板的空白位置，弹出"导入"对话框，同时选中需要导入的两段视频素材，如图7-113所示。

图7-112 设置"轨道"选项卡

图7-113 选择需要导入的两段视频素材

03. 单击"打开"按钮，将选中的两段视频素材导入"项目"面板，如图7-114所示。将"项目"面板中的74201.mp4视频素材拖入"时间轴"面板中的"V1"轨道，在"节目"监视器窗口中可以看到视频素材的效果，如图7-115所示。

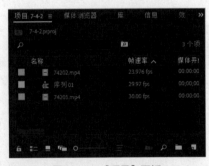
图7-114 "项目"面板

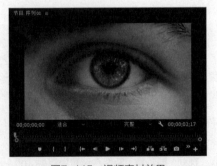
图7-115 视频素材效果

TIPS 小贴士

　　如果导入视频素材的帧率或分辨率与创建序列时设置的帧率和分辨率不同，将视频素材拖入"时间轴"面板时会弹出"剪辑不匹配警告"对话框，如果单击"保持现有设置"按钮，可以自动调整视频素材使其与序列的设置相匹配，如果单击"更改序列设置"按钮，则可以自动调整序列设置使其与视频素材相匹配，默认单击"保持现有设置"按钮。

04. 将时间指示器移至02秒12帧的位置，选择"V1"轨道中的视频素材，执行"剪辑>视频选项>添加帧定格"命令，在时间指示器位置将该视频素材分割为两部分，如图7-116所示。选择分割后的右侧部分视频素材，将其拖至"V2"轨道中，并拖动其右侧将持续时间调整长一些，如图7-117所示。

图7-116　添加帧定格后的效果

图7-117　将帧定格素材移至"V2"轨道并加长持续时间

TIPS 小贴士

"添加帧定格"命令主要用来将某一帧画面静止。此处在02秒12帧的位置执行了"添加帧定格"命令，则02秒12帧之前依然为原先的视频素材，而02秒12帧之后始终保持02秒12帧的静止画面不变。

05. 选择"V2"轨道上的素材，执行"剪辑>嵌套"命令，弹出"嵌套序列名称"对话框，设置如图7-118所示，单击"确定"按钮。确认时间指示器位于02秒12帧的位置，选择"V2"轨道中的素材，打开"效果控件"面板，分别单击"位置""缩放""旋转""锚点"属性前的"切换动画"图标，插入这几个属性关键帧，如图7-119所示。

图7-118　设置"嵌套序列名称"对话框

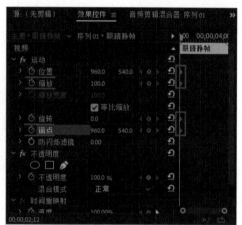

图7-119　为相应的属性插入关键帧

06. 在"效果控件"面板中选择"锚点"属性，在"节目"监视器窗口中拖动，调整锚点至眼球的中心位置，如图7-120所示。将时间指示器移至03秒的位置，在"效果控件"面板中分别单击"位置""缩放""旋转""锚点"属性右侧的"添加/移除关键帧"图标，手动添加属性关键帧，并且对"位置"和"缩放"属性值进行调整，如图7-121所示，使眼睛基本位于画面的中心位置并充满整个画面即可。

07. 单击"效果控件"面板中"不透明度"选项区下方的"自由绘制贝塞尔曲线"按钮，在"节目"监视器窗口中为眼球部分绘制蒙版图形，如图7-122所示。在"效果控件"面板中对"蒙版1"选项区中的相关选项进行设置，如图7-123所示。

08. 在"节目"监视器窗口中可以看到反转后的蒙版效果，黑色部分为显示下一个视频素材的区域，如图7-124所示。在"项目"面板中将74202.mp4视频素材拖至"V1"视频轨道中74201.mp4素材之后，在"节目"监视器窗口中可以看到蒙版的效果，如图7-125所示。

图7-120　调整锚点至眼球的中心位置

图7-121　添加关键帧并设置属性值

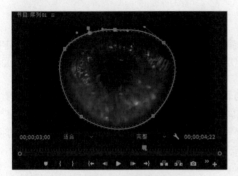

图7-122　绘制蒙版图形

图7-123　设置蒙版选项

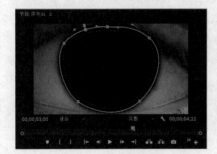

图7-124　反转蒙版后的效果

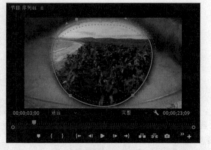

图7-125　添加视频素材后的蒙版效果

09．将时间指示器移至03秒的位置，在"效果控件"面板中设置"旋转"为90°，设置"缩放"属性值为800，如图7-126所示，使得在"节目"监视器窗口中看不到眼睛素材，完全显示眼睛素材下方的视频素材，如图7-127所示。

图7-126　设置属性值

图7-127　完全显示眼睛素材下方的视频素材

10. 在"效果控件"面板中框选所有的关键帧，在任意关键帧上单击鼠标右键，在弹出的菜单中执行"临时插值>贝塞尔曲线"命令，如图7-128所示。单击"缩放"属性左侧的箭头图标，显示该属性的设置选项，可以看到对应的贝塞尔曲线，调整该属性的运动速度曲线，如图7-129所示，使得眼睛放大的运动过程先快后慢，更加自然。

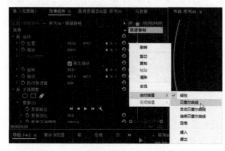
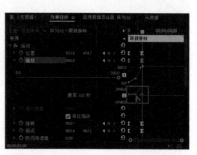

图7-128　执行"贝塞尔曲线"命令　　　　图7-129　调整"缩放"属性的运动
　　　　　　　　　　　　　　　　　　　　　　　　速度曲线

11. 按住【Alt】键不放，拖动"V2"轨道中的"眼睛静帧"素材至"V3"轨道中，复制该素材，如图7-130所示。选择"V3"轨道中的"眼睛静帧"素材，在"效果控件"面板中选择"蒙版"选项，按【Delete】键将其删除，并且删除"旋转"属性的关键帧，使用"剃刀工具"，在"V3"轨道中素材的03秒位置单击，分割素材，如图7-131所示。

图7-130　复制"眼睛静帧"素材至"V3"　　图7-131　删除不需要的属性并分割素材
　　　　　　　　轨道中

12. 选择分割后的右侧部分素材，按【Delete】键将其删除，将"V3"轨道中的素材拖动至"V1"轨道中的两个素材之间，如图7-132所示。在"V1"轨道中的"眼睛静帧"素材与74202.mp4素材之间单击鼠标右键，在弹出的菜单中执行"应用默认过渡"命令，如图7-133所示。

图7-132　调整素材至"V1"轨道中两个　　图7-133　执行"应用默认过渡"命令
　　　　　　　　素材之间

13. 在"V1"轨道中的两个素材之间应用默认的视频过渡效果，如图7-134所示。选择两个素材之间应用的过渡效果，单击并拖动该过渡效果的左侧，使其持续时间从"眼睛静帧"素材的起始位置开始，如图7-135所示。

TIPS **小贴士**

　　此处在"V1"轨道中的两个素材之间添加眼睛放大的动画，并且在两个素材之间添加视频过渡效果，是为了使眼球蒙版的转场过渡效果表现得更加自然，不至于太生硬。

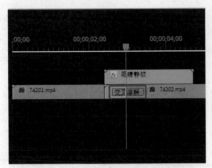

图7-134　应用默认的过渡效果　　　　图7-135　调整过渡效果的持续时间

14. 双击"项目"面板的空白位置，导入准备好的音乐素材，如图7-136所示。将该音乐素材拖入"时间轴"面板中的"A1"轨道，如图7-137所示。

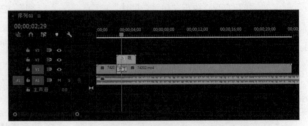

图7-136　导入音乐素材　　　　图7-137　将音乐素材拖入"A1"轨道

15. 使用"剃刀工具"，将光标移至视频素材结束的位置，在音乐素材上单击，将其分割为两段，将后面不需要的一段删除，如图7-138所示。在"效果"面板中的搜索栏中输入"指数淡化"，快速找到"指数淡化"效果，如图7-139所示。

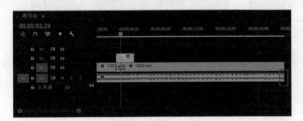

图7-138　分割音乐素材并删除不需要的部分　　　　图7-139　搜索"指数淡化"效果

16. 将"指数淡化"效果拖入"A1"轨道中的音乐素材结束的位置，为其应用该效果，如图7-140所示。选择音乐素材结尾的"指数淡化"效果，在"效果控件"面板中设置"持续时间"为3秒，如图7-141所示。

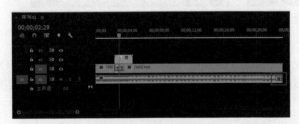

图7-140　将"指数淡化"效果拖至音乐素材的结束位置　　　　图7-141　设置"持续时间"选项

17. 完成眼球转场效果的制作，在"节目"监视器窗口中单击"播放"按钮，预览视频效果，如图7-142所示。

图7-142　预览眼球转场效果

7.5 本章小结

　　本章主要介绍了Premiere的基本操作，包括Premiere基础、视频素材剪辑、音频素材添加与设置和制作关键帧动画等内容，并且讲解了多个案例的制作，使读者能够掌握Premiere的基本操作方法。

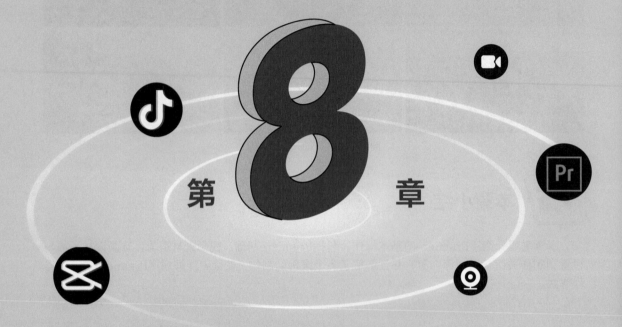

第 章

使用Premiere制作
短视频特效

第 7 章已经介绍了 Premiere 的工作界面及基本操作，本章将主要向读者介绍如何使用 Premiere 制作短视频特效，主要包括如何为素材应用各种视频特效和视频过渡特效，以及字幕的添加和设置等内容，通过案例制作与知识点讲解的结合，帮助读者掌握使用 Premiere 制作短视频特效的方法和技巧。

8.1 Premiere中的视频效果

Premiere内置了许多视频效果，使用这些视频效果可以对原始素材进行调整，如调整画面的对比度、为画面添加粒子或者光照效果等，从而为短视频作品增加艺术效果，为观众带来丰富多彩、精美绝伦的视觉盛宴。

8.1.1 认识常用的视频效果组

Premiere中内置的视频效果非常多，而有些视频效果是在短视频后期处理过程中很少用到的，这里选取一些常用的视频效果组进行简单的介绍。

1. "变换"视频效果组

"变换"视频效果组中的视频效果主要用于实现素材画面的变换操作，该视频效果组包含"垂直翻转""水平翻转""自动重新构图""羽化边缘""裁剪"共5个视频效果。

图8-1所示为应用"水平翻转"视频效果的效果，图8-2所示为应用"裁剪"视频效果的效果。

图8-1　应用"水平翻转"视频效果　　　　图8-2　应用"裁剪"视频效果

2. "扭曲"视频效果组

"扭曲"视频效果组中的视频效果主要是通过对素材进行几何扭曲变形来制作出各种各样的画面变形效果。该视频效果组包含"偏移""变表稳定器""变换""放大""旋转扭曲""果冻效应修复""波形变形""湍流置换""球面化""边角定位""镜像""镜头扭曲"共12个视频效果。

图8-3所示为应用"边角定位"视频效果的效果，图8-4所示为应用"镜像"视频效果的效果。

图8-3　应用"边角定位"视频效果　　　　图8-4　应用"镜像"视频效果

3. "杂色与颗粒"视频效果组

"杂色与颗粒"视频效果组中的视频效果主要用于去除画面中的噪点或者在画面中添加杂色与颗粒感效果，该视频效果组包含"中间值（旧版）""杂色""杂色Alpha""杂色HLS""杂色HLS自动""蒙尘与划痕"共6个视频效果。

图8-5所示为应用"杂色"视频效果的效果，图8-6所示为应用"蒙尘与划痕"视频效果的效果。

4."模糊与锐化"视频效果组

"模糊与锐化"视频效果组中的视频效果主要用于柔化或者锐化素材画面，这些效果不仅可以柔化边缘过于清晰或者对比过强的画面区域，还可以对原来并不太清晰的画面进行锐化处理，使其更清晰。该视频效果组包含"减少交错闪烁""复合模糊""方向模糊""相机模糊""通道模糊""钝化蒙版""锐化""高斯模糊"共8个视频效果。

图8-7所示为应用"复合模糊"视频效果的效果，图8-8所示为应用"锐化"视频效果的效果。

5."生成"视频效果组

"生成"视频效果组中的视频效果主要用于实现一些素材画面的滤镜效果，使画面的表现效果更加生动。该视频效果组包含"书写""单元格图案""吸管填充""四色渐变""圆形""棋盘""椭圆""油漆桶""渐变""网格""镜头光晕""闪电"共12个视频效果。

图8-9所示为应用"四色渐变"视频效果的效果，图8-10所示为应用"镜头光晕"视频效果的效果。

图8-5　应用"杂色"视频效果　　　图8-6　应用"蒙尘与划痕"视频效果　　　图8-7　应用"复合模糊"视频效果

图8-8　应用"锐化"视频效果　　　图8-9　应用"四色渐变"视频效果　　　图8-10　应用"镜头光晕"视频效果

6."透视"视频效果组

"透视"视频效果组中的视频效果主要用于制作三维立体效果和空间效果，该视频效果组包含"基本3D""径向阴影""投影""斜面Alpha""边缘斜面"共5个视频效果。

图8-11所示为应用"基本3D"视频效果的效果，图8-12所示为应用"边缘斜面"视频效果的效果。

图8-11　应用"基本3D"视频效果　　　图8-12　应用"边缘斜面"视频效果

7."键控"视频效果组

"键控"视频效果组为用户提供了多种不同功能的抠像视频效果，使用这些视频效果可以很方便地进行抠像处理。"键控"视频效果组包含"Alpha调整""亮度键""图像遮罩键""差值遮罩""移除遮罩""超级键""轨道遮罩键""非红色键""颜色键"共9个视频效果。

图8-13所示为绿幕素材的效果，图8-14所示为应用"非红色键"视频效果抠除绿幕背景的效果。

TIPS 小贴士

影视后期制作中的抠像，也就是蓝幕和绿幕技术，一直被用来制作影视特效，其原理就是利用蓝幕和绿幕的背景色和人物主体颜色的差异，首先让演员在蓝幕或者绿幕前面表演，然后利用抠像技术将演员从纯色的背景中剥离出来，最后将他们和复杂情况下需要表现的场景结合在一起。

图8-13　绿幕素材效果

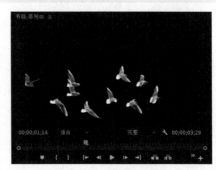

图8-14　应用"非红色键"视频效果抠除绿幕背景的效果

8. "颜色校正"视频效果组

"颜色校正"视频效果组中的视频效果主要用于对素材画面的色彩进行调整，包括调整色彩的亮度、对比度、色相等，从而校正素材画面的色彩效果。该视频效果组包含"ASC CDL""Lumetri颜色""亮度与对比度""保留颜色""均衡""更改为颜色""更改颜色""色彩""视频限制器""通道混合器""颜色平衡""颜色平衡（HLS）"共12个视频效果。

图8-15所示为应用"亮度与对比度"视频效果的效果，图8-16所示为应用"通道混合器"视频效果的效果。

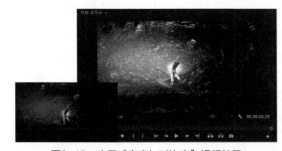

图8-15　应用"亮度与对比度"视频效果

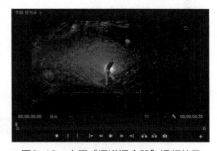

图8-16　应用"通道混合器"视频效果

9. "风格化"视频效果组

"风格化"视频效果组中的视频效果主要用于创建一些风格化的画面效果，该视频效果组包含"Alpha发光""复制""彩色浮雕""曝光过度""查找边缘""浮雕""画笔描边""粗糙边缘""纹理""色调分离""闪光灯""阈值""马赛克"共13个视频效果。

图8-17所示为应用"粗糙边缘"视频效果的效果，图8-18所示为应用"复制"视频效果的效果。

图8-17 应用"粗糙边缘"视频效果　　图8-18 应用"复制"视频效果

8.1.2　应用视频效果

应用视频效果的方法非常简单，只需要将所需视频效果拖动至"时间轴"面板中的素材上，然后在"效果控件"面板中对视频效果的参数进行设置，就可以在"节目"监视器窗口中看到所应用的效果。

1. 为素材应用视频效果

打开"效果"面板，展开"视频效果"选项，该选项中包含了"变换""图像控制""实用程序""扭曲""时间""杂色与颗粒""模糊与锐化""沉浸式视频""生成""视频""调整""过时""过渡""透视""通道""键控""颜色校正""风格化"共18个视频效果组，如图8-19所示。

如果需要为"时间轴"面板中的素材应用视频效果，可以直接将相应的视频效果拖动至"时间轴"面板中的素材上，如图8-20所示。

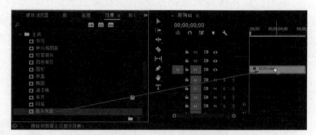

图8-19 "视频效果"选项中的视频效果组　　图8-20 拖动视频效果至"时间轴"面板中的素材上应用

为"时间轴"面板中的素材应用视频效果后，会自动显示"效果控件"面板，在该面板中可以对应用的视频效果的参数进行设置，如图8-21所示。完成参数设置之后，在"节目"监视器窗口中可以看到应用的效果，如图8-22所示。对视频效果参数进行不同的设置，能够产生不同的效果。

图8-21 设置视频效果参数　　图8-22 应用"镜头光晕"视频效果的效果

2. 调整视频效果的排列顺序

在使用Premiere内置的视频效果调整素材时，有时候应用一个即可达到调整的目的，但很多时候需要为素材添加多个视频效果。在Premiere中，系统按照视频效果在"效果控件"面板中从上至下的顺序进行应用。如果为素材应用了多个视频效果，需要注意视频效果在"效果控件"面板中的排列顺序，视频效果的排列顺序不同，所产生的效果也会有所不同。

例如,为素材同时应用了"颜色平衡(HLS)"和"色彩"视频效果,如图8-23所示。在"节目"监视器窗口中可以看到素材调整的效果,如图8-24所示。

在"效果控件"面板中单击"颜色平衡(HLS)"视频效果,将其拖至"色彩"视频效果的下方,调整应用顺序,如图8-25所示。在"节目"监视器窗口中可以看到素材的效果明显与刚刚不同,如图8-26所示。

图8-23 同时应用两个视频效果

图8-24 查看应用视频效果的效果

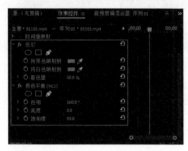

图8-25 调整视频效果的应用顺序

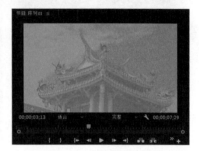

图8-26 查看得到的效果

8.1.3 编辑视频效果

为素材应用视频效果后,用户还可以对视频效果进行编辑,并通过隐藏视频效果来观察应用视频效果前后的效果变化。如果用户对所应用的视频效果不满意,也可以将其删除。

1. 隐藏视频效果

在"时间轴"面板中选择应用了视频效果的素材,打开"效果控件"面板,单击需要隐藏的视频效果名称左侧的"切换效果开关"图标 fx,如图8-27所示,即可将该视频效果隐藏,再次单击该图标,即可恢复该视频效果的显示。

2. 删除视频效果

如果需要删除所应用的视频效果,可以在"效果控件"面板中的视频效果名称上单击鼠标右键,在弹出的菜单中执行"清除"命令,如图8-28所示。或者在"效果控件"面板中选择需要删除的视频效果,按键盘上的【Delete】键,同样可以删除选中的视频效果。

图8-27 隐藏视频效果

图8-28 清除视频效果

8.1.4　制作视频绿幕背景抠像

在影视后期处理过程中，对视频内容进行抠像处理是常用的操作之一。8.1.3小节已经介绍了 Premiere中用于抠像的相关视频效果，本小节将讲解如何制作视频绿幕背景抠像。

 实战　制作视频绿幕背景抠像

最终效果：资源 \ 第 8 章 \8-1-4.prproj

视频：视频 \ 第 8 章 \ 制作视频绿幕背景抠像 .mp4

01. 执行"文件>新建>项目"命令，弹出"新建项目"对话框，设置项目文件的名称和保存位置，如图8-29所示。单击"确定"按钮，新建项目文件。执行"文件>新建>序列"命令，弹出"新建序列"对话框，在预设列表中选择"AVCHD"选项中的"AVCHD 720p30"选项，如图8-30所示。单击"确定"按钮，新建序列。

图8-29　"新建项目"对话框　　　　图8-30　"新建序列"对话框

02. 将视频素材81401.mp4和81402.mp4导入"项目"面板，如图8-31所示。将"项目"面板中的81401.mp4视频素材拖入"时间轴"面板中的"V1"轨道，在"节目"监视器窗口中可以看到该视频素材的效果，如图8-32所示。

图8-31　导入视频素材　　　　　图8-32　查看视频素材效果

03. 将"项目"面板中的81402.mp4视频素材拖入"时间轴"面板中的"V2"轨道，如图8-33所示。在"节目"监视器窗口中可以看到该视频素材的效果，如图8-34所示。

图8-33　"时间轴"面板　　　　　图8-34　查看视频素材效果

04. 选择"V1"轨道中的81401.mp4素材，将光标移至该素材的右侧单击并拖动，裁剪该素材，使其时长与"V2"轨道中的素材时长相同，如图8-35所示。打开"效果"面板，展开"视频效果"选项中的"键控"视频效果组，将"非红色键"视频效果拖至"V2"轨道中的视频素材上，如图8-36所示。

图8-35　调整素材时长　　　　　　　　　　图8-36　应用"非红色键"视频效果

05. 打开"效果控件"面板，设置"非红色键"视频效果中的"去边"选项为"绿色"，并对其他参数进行设置，如图8-37所示。在"节目"监视器窗口中可以随时观察抠取绿幕背景的效果，如图8-38所示。

图8-37　设置"非红色键"视频效果参数　　　图8-38　绿幕背景抠取效果

06. 在"效果"面板中展开"视频效果"选项中的"颜色校正"视频效果组，将"颜色平衡（HLS）"视频效果拖至"V2"轨道中的视频素材上，在"效果控件"面板中对"颜色平衡（HLS）"视频效果的相关参数进行设置，如图8-39所示。在"节目"监视器窗口中可以看到调整色彩后的恐龙效果，如图8-40所示。

图8-39　设置"颜色平衡（HLS）"视频
效果参数　　　　　　　　　　图8-40　对恐龙的色彩进行调整

07. 完成视频绿幕背景抠像的制作，在"节目"监视器窗口中单击"播放"按钮，预览视频效果，如图8-41所示。

图8-41　预览视频效果

8.1.5　为视频局部添加马赛克效果

　　在Premiere中，用户可以直接使用功能强大的蒙版来进行画面跟踪处理。蒙版能够定义需要模糊、覆盖、高光显示、应用效果或校正颜色的特定区域。用户可以创建不同形状的蒙版，如椭圆形或矩形，或者使用"钢笔工具"绘制任意形状的贝塞尔曲线。

　　本小节将讲解如何将视频效果与蒙版结合，为视频局部添加马赛克效果。

> **实战**　为视频局部添加马赛克效果
>
> 最终效果：资源 \ 第 8 章 \8-1-5.prproj
> 视频：视频 \ 第 8 章 \ 为视频局部添加马赛克效果 .mp4

　　01.　执行"文件>新建>项目"命令，弹出"新建项目"对话框，设置项目文件的名称和保存位置，如图8-42所示。单击"确定"按钮，新建项目文件。执行"文件>新建>序列"命令，弹出"新建序列"对话框，在预设列表中选择"AVCHD"选项中的"AVCHD 1080p30"选项，如图8-43所示。单击"确定"按钮，新建序列。

图8-42　"新建项目"对话框　　　　　图8-43　"新建序列"对话框

　　02.　将视频素材81501.mp4导入"项目"面板，如图8-44所示。将"项目"面板中的81501.mp4视频素材拖入"时间轴"面板中的"V1"轨道，在"节目"监视器窗口中可以看到该视频素材的效果，如图8-45所示。

　　03.　选择"V1"轨道中的视频素材，打开"效果"面板，展开"视频效果"选项中的"风格化"视频效果组，将"马赛克"视频效果拖至"V1"轨道中的视频素材上，如图8-46所示，为其应用该视频效果。打开"效果控件"面板，对"马赛克"视频效果的相关参数进行设置，如图8-47所示。

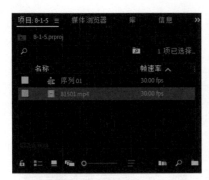

图8-44　导入视频素材

图8-45　查看视频素材效果

图8-46　应用"马赛克"视频效果

图8-47　设置"马赛克"视频
效果参数

04. 完成参数设置后，在"节目"监视器窗口中可以看到应用"马赛克"视频效果的效果，如图8-48所示。在"效果控件"面板中单击应用的"马赛克"视频效果选项下方的"创建椭圆形蒙版"按钮，自动为当前素材添加椭圆形蒙版路径，如图8-49所示。

图8-48　应用"马赛克"视频效果

图8-49　添加椭圆形蒙版路径

05. 在"节目"监视器窗口中，将光标移至椭圆形蒙版路径的中心单击并拖动，调整该蒙版路径的位置，如图8-50所示。单击并拖动蒙版路径上的控制点，调整蒙版路径的大小和形状，如图8-51所示。

图8-50　调整蒙版路径的位置

图8-51　调整蒙版路径的大小和形状

06. 在"效果控件"面板中"马赛克"视频效果选项的下方会自动添加蒙版相关的设置选项，单击"蒙版路径"选项右侧的"向前跟踪所选蒙版"图标，如图8-52所示。系统自动播放视频素材并进行蒙版路径的跟踪处理，显示跟踪进度，如图8-53所示。

图8-52　单击"向前跟踪所选蒙版"图标

图8-53　显示跟踪进度

07. 完成蒙版路径的跟踪处理，即可完成视频局部马赛克效果的添加，在"节目"监视器窗口中单击"播放"按钮，预览视频效果，如图8-54所示。

图8-54　预览视频效果

TIPS 小贴士

完成蒙版路径的自动跟踪处理之后，可以拖动时间指示器来观察蒙版路径的位置是否正确，如果局部不正确，可以进行手动调整。

8.2　Premiere中的视频过渡效果

在Premiere中，用户可以利用一些视频过渡效果在素材之间创建出丰富多彩的转场过渡特效，从而使素材之间的切换变得更加平滑流畅。

8.2.1　认识视频过渡效果

作为一款优秀的视频后期处理软件，Premiere内置了许多视频过渡效果供用户使用，熟练并恰当地运用这些效果可以使素材之间的衔接更加自然流畅，增强视频作品的艺术性。下面对Premiere内置的视频过渡效果进行简单的介绍。

1."3D运动"视频过渡效果组

"3D运动"视频过渡效果组中的视频过渡效果可以模拟三维空间的运动效果，其中包含"立方体旋转"和"翻转"两个视频过渡效果。图8-55所示为应用"立方体旋转"视频过渡效果的效果，图8-56所示为应用"翻转"视频过渡效果的效果。

2."内滑"视频过渡效果组

"内滑"视频过渡效果组中的视频过渡效果主要是通过运动画面来完成素材的切换，该视频过渡效果组包含"中心拆分""内滑""带状内滑""拆分""推"共5个视频过渡效果。

图8-57所示为应用"拆分"视频过渡效果的效果，图8-58所示为应用"推"视频过渡效果的效果。

3."划像"视频过渡效果组

"划像"视频过渡效果组中的视频过渡效果是通过分割画面来完成素材的切换的，该视频过渡效果组包含"交叉划像""圆划像""盒形划像""菱形划像"4个视频过渡效果。

图8-59所示为应用"交叉划像"视频过渡效果的效果，图8-60所示为应用"菱形划像"视频过渡效果的效果。

图8-55　应用"立方体旋转"视频
过渡效果

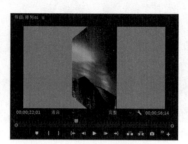

图8-56　应用"翻转"视频过渡效果

图8-57　应用"拆分"视频过渡效果

图8-58　应用"推"视频过渡效果

图8-59　应用"交叉划像"视频过
渡效果

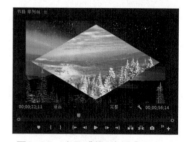

图8-60　应用"菱形划像"视频过
渡效果

4."擦除"视频过渡效果组

"擦除"视频过渡效果组中的视频过渡效果主要是用各种方式将画面擦除来完成素材的切换，该视频过渡效果组包含"划出""双侧平推门""带状擦除""径向擦除""插入""时钟式擦除""棋盘""棋盘擦除""楔形擦除""水波块""油漆飞溅""渐变擦除""百叶窗""螺旋框""随机块""随机擦除""风车"共17个视频过渡效果。

图8-61所示为应用"随机块"视频过渡效果的效果，图8-62所示为应用"风车"视频过渡效果的效果。

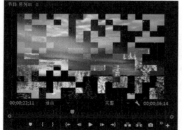

图8-61　应用"随机块"视频过渡效果

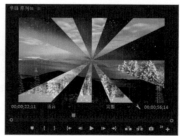

图8-62　应用"风车"视频过渡效果

TIPS 小贴士

"沉浸式视频"视频过渡效果组中提供的视频过渡效果都是针对 VR 视频的，在这里不过多介绍。

5. "溶解"视频过渡效果组

"溶解"视频过渡效果组中的视频过渡效果主要是以淡化、渗透等方式进行过渡，其中包括 "MorphCut""交叉溶解""叠加溶解""白场过渡""胶片溶解""非叠加溶解""黑场过渡"共7个视频过渡效果。

图8-63所示为应用"交叉溶解"视频过渡效果的效果，图8-64所示为应用"黑场过渡"视频过渡效果的效果。

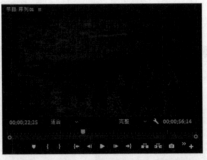

图8-63　应用"交叉溶解"视频过渡效果　　图8-64　应用"黑场过渡"视频过渡效果

6. "缩放"视频过渡效果组

"缩放"视频过渡效果组中的视频过渡效果主要是通过对画面进行缩放来完成素材的切换，该视频过渡效果组只包含一个"交叉缩放"视频过渡效果。图8-65所示为应用"交叉缩放"视频过渡效果的效果。

7. "页面剥落"视频过渡效果组

"页面剥落"视频过渡效果组中的视频过渡效果主要是使第1段素材以各种形式的卷页动作消失，最终显示出第2段素材，该视频过渡效果组包含"翻页"和"页面剥落"两个视频过渡效果。图8-66所示为应用"翻页"视频过渡效果的效果。

图8-65　应用"交叉缩放"视频过渡效果　　图8-66　应用"翻页"视频过渡效果

8.2.2　添加视频过渡效果

对于视频后期处理来说，合理地为素材添加一些视频过渡效果，可以使两个或多个原本无关联的素材在过渡时能够更加平滑、流畅，使视频画面更加生动和谐，大大提高工作效率。

如果需要为"时间轴"面板中两个相邻的素材添加视频过渡效果，可以在"效果"面板中展开"视频过渡"选项，如图8-67所示。选择需要添加的视频过渡效果，按住鼠标左键并将其拖至"时间轴"面板中的两个目标素材之间即可，如图8-68所示。

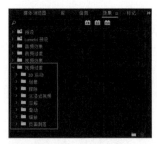

图8-67　展开"视频过渡"选项　　　　图8-68　将需要应用的视频过渡效果拖至素材之间

8.2.3　编辑视频过渡效果

将视频过渡效果添加到两个素材之间的连接处之后，在"时间轴"面板中选择刚添加的视频过渡效果，如图8-69所示，即可在"效果控件"面板中对视频过渡效果进行参数设置，如图8-70所示。

1. 设置持续时间

在"效果控件"面板中，设置"持续时间"选项可以控制视频过渡效果的持续时间。数值越大，视频过渡效果的持续时间越长，反之则持续时间越短。图8-71所示为"持续时间"选项的设置，图8-72所示为视频过渡效果在"时间轴"面板中的表现。

图8-69　在"时间轴"面板中选择视频过渡效果　　图8-70　"效果控件"面板中的参数

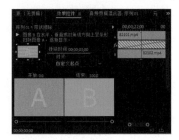

图8-71　"持续时间"选项的设置　　图8-72　视频过渡效果在"时间轴"面板中的表现

2. 编辑效果方向

视频过渡效果有不同的效果方向，"效果控件"面板中的效果方向示意图四周提供了多个三角形箭头，单击相应的三角形箭头，即可设置该视频过渡效果的效果方向。例如，单击"自西北向东南"三角形箭头，如图8-73所示，即可在"节目"监视器窗口中看到改变效果方向后的视频过渡效果，如图8-74所示。

图8-73　单击"自西北向东南"三角形箭头　　图8-74　"节目"监视器窗口中的效果

3. 编辑对齐参数

在"效果控件"面板中，"对齐"选项用于控制视频过渡效果的切入对齐方式，包括"中心切入""起点切入""终点切入""自定义起点"4种方式。

中心切入：设置"对齐"选项为"中心切入"，视频过渡效果位于两个素材的中心位置，如图8-75所示。

起点切入：设置"对齐"选项为"起点切入"，视频过渡效果位于第2个素材的起始位置，如图8-76所示。

终点切入：设置"对齐"选项为"终点切入"，视频过渡效果位于第1个素材的结束位置，如图8-77所示。

自定义起点：在"时间轴"面板中还可以通过单击并拖动调整添加的视频过渡效果的位置，从而自定义视频过渡效果的起点，如图8-78所示。

图8-75　"中心切入"效果

图8-76　"起点切入"效果

图8-77　"终点切入"效果

图8-78　拖动调整起点

4. 设置开始、结束位置

视频过渡效果预览区域的顶部有两个控制视频过渡效果开始、结束的选项。

开始：该选项用于设置视频过渡效果的开始位置，默认值为0，表示视频过渡效果将从整个视频过渡过程的开始位置开始过渡。如果将"开始"选项设置为20，如图8-79所示，则表示视频过渡效果从整个视频过渡过程20%的位置开始过渡。

结束：该选项用于设置视频过渡效果的结束位置，默认值为100，表示视频过渡效果将在整个视频过渡过程的结束位置结束过渡。如果将"结束"选项设置为90，如图8-80所示，则表示视频过渡效果在整个视频过渡过程90%的位置结束过渡。

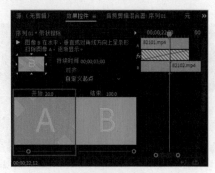
图8-79　设置视频过渡效果开始位置

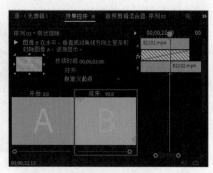
图8-80　设置视频过渡效果结束位置

5. 显示素材的实际过渡效果

"效果控件"面板中的视频过渡效果预览区域以A和B进行分块表示，如果需要在视频过渡效果预览区域中显示素材的实际过渡效果，可以勾选"显示实际源"复选框。

TIPS 小贴士

有一些视频过渡效果，可以设置其过渡过程中边框的效果，"效果控件"面板中提供了边框设置选项，如"边框宽度"和"边框颜色"等。

8.2.4　使用视频过渡效果插件

除了可以使用Premiere内置的视频过渡效果之外，用户还可以使用外部的视频过渡效果插件，轻松实现更加丰富的视频过渡效果。本小节以FilmImpact插件为例，讲解该插件的安装和使用。

打开FilmImpact插件的安装程序，如图8-81所示。弹出FilmImpact插件安装提示对话框，如图8-82所示，单击安装按钮即可进行插件的安装。

图8-81　打开插件的安装程序

图8-82　插件安装提示对话框

完成插件的安装后，重新启动Premiere，在"效果"面板中可以看到FilmImpact插件提供的多种不同类型的视频过渡效果，如图8-83所示。展开"FilmImpact.net TP2"视频过渡效果组，将"Impact Zoom Blur"视频过渡效果拖至"V1"轨道中两个素材之间，如图8-84所示。

图8-83　FilmImpact插件的相关选项

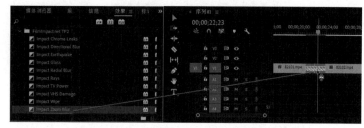

图8-84　拖相应的视频过渡效果至两个素材之间

如果需要设置视频过渡效果的持续时间，只需要单击素材之间的视频过渡效果，在"效果控件"面板中设置"持续时间"选项，如图8-85所示。在"时间轴"面板中拖动时间指示器，可以在"节目"监视器窗口中预览添加的视频过渡效果，如图8-86所示。

TIPS 小贴士

Premiere的视频过渡效果插件非常丰富，感兴趣的读者可以在互联网上查找并安装使用。

图8-85 设置"持续时间"选项   图8-86 预览视频过渡效果

8.2.5 制作3D视频相册

视频过渡效果对于不同镜头的组接具有非常重要的作用，能够使镜头之间切换得更加流畅、自然。本小节将制作一个3D视频相册，通过添加视频效果，使画面更具有动感，同时在不同照片之间加入视频过渡效果，使相册的表现效果更生动。

实战 制作 3D 视频相册

最终效果：资源 \ 第 8 章 \8-2-5.prproj
视频：视频 \ 第 8 章 \ 制作 3D 视频相册 .mp4

01. 执行"文件>新建>项目"命令，弹出"新建项目"对话框，设置项目文件的名称和保存位置，如图8-87所示。单击"确定"按钮，新建项目文件。执行"文件>新建>序列"命令，弹出"新建序列"对话框，在预设列表中选择"AVCHD"选项中的"AVCHD 1080p30"选项，如图8-88所示。

图8-87 "新建项目"对话框   图8-88 "新建序列"对话框

02. 切换到"轨道"选项卡中，只保留"音频1"轨道，将其他音频轨道删除，如图8-89所示。单击"确定"按钮，新建序列。将图片素材82501.jpg至82510.jpg导入"项目"面板，如图8-90所示。

03. 在"项目"面板中同时选中82501.jpg至82510.jpg，将选中的图片素材同时拖入"时间轴"面板的"V1"轨道，如图8-91所示。在"时间轴"面板中拖动鼠标选中"V1"轨道中的所有素材，按住【Alt】键不放将其拖动至"V2"轨道中，复制所有素材，如图8-92所示。

图8-89 删除不需要的音频轨道

图8-90　导入多张图片素材

图8-91　将所有素材拖至"V1"轨道中

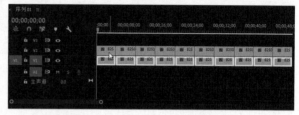

图8-92　复制所有素材至"V2"轨道中

04. 隐藏"V2"轨道，选择"V1"轨道中的第1个图片素材，如图8-93所示。打开"效果"面板，展开"视频效果"中的"模糊与锐化"视频效果组，将"高斯模糊"视频效果拖至"V1"轨道中的第1个图片素材上，如图8-94所示，为该素材应用"高斯模糊"视频效果。

图8-93　选择素材

图8-94　应用"高斯模糊"效果

05. 打开"效果控件"面板，对"高斯模糊"视频效果的相关参数进行设置，如图8-95所示。在"节目"监视器窗口中可以看到设置后的素材效果，如图8-96所示。

06. 选择V1轨道中的第1个图片素材，按快捷键【Ctrl+C】，拖动鼠标同时选中"V1"轨道中的其他图片素材，按快捷键【Ctrl+Alt+V】，弹出"粘贴属性"对话框，保持默认设置，如图8-97所示。单击"确定"按钮，即可对其他素材同样应用相同的"高斯模糊"视频效果，在"节目"监视器窗口中可以看到其他素材的效果，如图8-98所示。

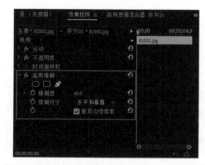

图8-95　设置"高斯模糊"视频效果的参数

图8-96　"节目"监视器窗口中的素材效果

图8-97　"粘贴属性"对话框

07. 将时间指示器移至起始位置，显示"V2"轨道中的素材，选择"V2"轨道中的第1个图片素材，如图8-99所示。在"效果控件"面板中设置其"缩放"属性值为75，在"节目"监视器窗口中可以看到缩放后的效果，如图8-100所示。

图8-98　查看其他素材的效果　　图8-99　选择"V2"轨道中的第1个图片素材　　图8-100　查看素材缩放后的效果

08. 打开"效果"面板，展开"视频效果"中的"透视"视频效果组，将"径向阴影"视频效果拖至"V2"轨道中的第1个图片素材上，应用该视频效果。打开"效果控件"面板，对"径向阴影"视频效果的相关参数进行设置，如图8-101所示。在"节目"监视器窗口中可以看到应用"径向阴影"视频效果实现的素材描边效果，如图8-102所示。

09. 将"效果"面板"视频效果"中"透视"视频效果组的"投影"视频效果拖至"V2"轨道中的第1个图片素材上，打开"效果控件"面板，对"投影"视频效果的相关参数进行设置，如图8-103所示。在"节目"监视器窗口中可以看到为图片素材添加的投影效果，如图8-104所示。

10. 将"效果"面板"视频效果"中"透视"视频效果组的"运动"视频效果拖至"V2"轨道中的第1个图片素材上，打开"效果控件"面板，设置"缩放"属性值为70，"旋转"属性值为-6°，并分别插入这两个属性关键帧，如图8-105所示。在"节目"监视器窗口中可以看到图片素材的效果，如图8-106所示。

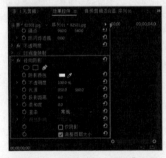  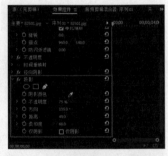

图8-101　设置"径向阴影"视频　　图8-102　"节目"监视器窗口中的素材　　图8-103　设置"投影"视频效果
　　　　　效果的参数　　　　　　　　　　　　效果　　　　　　　　　　　　　　　的参数

图8-104　为图片素材添加投影效果　　图8-105　插入"缩放"和"旋　　图8-106　图片素材效果
　　　　　　　　　　　　　　　　　　转"属性关键帧

11. 在"效果控件"面板中对"基本3D"视频效果的"旋转"和"倾斜"属性进行设置并分别插入关键帧，如图8-107所示。在"节目"监视器窗口中可以看到图片素材的旋转效果，如图8-108所示。

12. 将时间指示器移至04秒28帧的位置，在"效果控件"面板中设置"运动"视频效果的"缩放"属性值为75，"旋转"属性值为0°，设置"基本3D"视频效果的"旋转"属性值为4°，"倾斜"属性值为2°，如图8-109所示。在"节目"监视器窗口中可以看到图片素材的效果，如图8-110所示。

13. 在"效果控件"面板中同时选中所有的属性关键帧，在任意一个关键帧上单击鼠标右键，在弹出菜单中执行"自动贝塞尔曲线"命令，如图8-111所示。应用该命令后，关键帧图标将变为圆形，如图8-112所示。

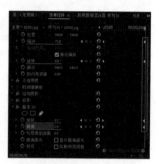

图8-107　插入"旋转"和"倾斜"　　图8-108　图片素材的旋转效果　　图8-109　设置相关属性值
　　　　　属性关键帧

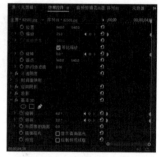

图8-110　图片素材的效果　　图8-111　执行"自动贝塞尔曲线"命令　　图8-112　关键帧图标变为圆形

14. 选择"V2"轨道中的第1个图片素材，按快捷键【Ctrl+C】，拖动鼠标同时选中"V2"轨道中的其他图片素材，按快捷键【Ctrl+Alt+V】，弹出"粘贴属性"对话框，保持默认设置，如图8-113所示。单击"确定"按钮，即可对其他素材同样应用与第1个素材相同的视频效果和关键帧动画效果，在"节目"监视器窗口中可以看到其他素材的效果，如图8-114所示。

图8-113　"粘贴属性"对话框　　图8-114　查看其他素材的效果

15. 打开"效果"面板，展开"视频过渡"中的"溶解"视频过渡效果组，将"黑场过渡"视频过渡效果分别拖至"V1"和"V2"轨道中第1个素材的前方，如图8-115所示。同样将"黑场过渡"视频过渡效果分别拖至"V1"和"V2"轨道中最后一个素材的后方，如图8-116所示。

图8-115   在起始位置应用"黑场过渡"视频过渡效果   图8-116   在结束位置应用"黑场过渡"视频过渡效果

16. 在"效果"面板中展开"FlimImpact.net TP1"视频过渡效果组，将"Impact Push"视频过渡效果分别拖至"V1"和"V2"轨道中82501.jpg与82502.jpg 这两个素材之间，如图8-117所示。如果需要设置视频过渡效果的持续时间，只需要单击素材之间的视频过渡效果，在"效果控件"面板中设置"持续时间"选项，如图8-118所示。

 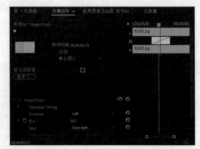

图8-117   应用"Impact Push"视频过渡效果   图8-118   "Impact Push"视频过渡效果选项设置

17. 在"时间轴"面板中拖动时间指示器，在"节目"监视器窗口中预览添加的视频过渡效果，如图8-119所示。使用相同的操作方法，在"V1"和"V2"轨道的其他素材之间添加相应的视频过渡效果，如图8-120所示。

图8-119   预览视频过渡效果   图8-120   在其他素材之间分别添加视频过渡效果

18. 导入准备好的背景音乐，并将背景音乐拖入"时间轴"面板中的"A1"轨道，如图8-121所示。选择"A1"轨道中的音频素材，向左拖动该音频素材的右端对其进行裁剪，使其长度与"V1"轨道中的视频素材的长度相同，如图8-122所示。

图8-121   将音频素材拖入"A1"轨道   图8-122   对音频素材进行裁剪

19. 在"效果"面板中的搜索栏中输入"指数淡化"，快速找到"指数淡化"效果，如图8-123所示。将"指数淡化"效果拖入"A1"轨道中的音频素材的结束位置，为其应用该效果，如图8-124所示。

图8-123　搜索"指数淡化"效果　　　图8-124　将"指数淡化"效果拖至音频素材
的结束位置

20. 选择音频素材结尾添加的"指数淡化"效果，在"效果控件"面板中设置"持续时间"为3秒，如图8-125所示，此时的"时间轴"面板如图8-126所示。

图8-125　设置"持续时间"选项　　　　　图8-126　"时间轴"面板

21. 完成3D视频相册的制作，在"节目"监视器窗口中单击"播放"按钮，预览视频效果，如图8-127所示。

图8-127　预览3D视频相册效果

8.3 字幕的添加与设置

字幕是短视频中一种非常重要的视觉元素，也是将短视频想要表达的相关信息传递给观众的重要方式。字幕可以对画面进行必要的补充、装饰、加工，以形成新的造型。同时，技术的发展也给字幕的制作提供了方便的制作工具和广阔的创作空间。

8.3.1 创建文字对象和图形对象

字幕中包括文字对象和图形对象，其中文字对象是主要的，图形对象是次要的。一般，我们把文字对象称为字幕素材。

1. 创建文字对象

Premiere提供了多种创建字幕的方法，用户可以执行"文件"菜单中的相关命令，也可以使用"项目"面板，应根据自身的操作习惯选择合适的创建方法。

执行"文件>新建>字幕"命令，弹出"新建字幕"对话框，这里在"标准"下拉列表中选择"开放式字幕"选项，并且可以对其他相关选项进行设置，如图8-128所示。单击"确定"按钮即可新建字幕，新建的字幕会出现在"项目"面板中，如图8-129所示。

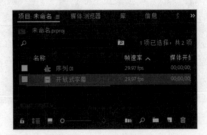

图8-128 "新建字幕"对话框　　　　　图8-129 "项目"面板

TIPS 小贴士

单击"项目"面板中的"新建项"图标，在弹出的菜单中执行"字幕"命令，同样可以弹出"新建字幕"对话框，进行字幕的创建操作。

双击"项目"面板中创建的开放式字幕，即可在"源"监视器窗口中看到字幕的默认文字内容，如图8-130所示，并自动切换到"字幕"面板，在该面板中可以对文字内容进行修改，并且对文字的相关属性进行设置，如图8-131所示。

图8-130 "源"监视器窗口　　　　　图8-131 "字幕"面板

2. 创建图形对象

使用"字幕"命令创建的字幕属于文字对象，除此之外，还可以使用文字工具在"节目"监视器窗口中直接输入文字，从而创建出图形对象。

单击"工具"面板中的"文字工具"按钮**T**，在"节目"监视器窗口中合适的位置单击，显示红色的文字输入框，如图8-132所示，在其中可输入相应的文字内容。完成文字的输入后，可以使用"选择工具"拖动调整文字的位置，如图8-133所示。

图8-132　显示文字输入框　　　　　图8-133　拖动调整文字的位置

选择刚输入的文字，执行"窗口>基本图形"命令，打开"基本图形"面板，切换到"编辑"选项中，在"文本"选项区中可以对文字的相关属性进行设置，如图8-134所示。在"节目"监视器窗口中可以看到设置后的效果，如图8-135所示。

如果使用"垂直文字工具" **IT**，在"节目"监视器窗口中合适的位置单击并输入文字，则可以创建出竖排文字，如图8-136所示。

图8-134　设　　　　　图8-135　文字效果　　　　　　　图8-136　输入竖排文字
置文字属性

8.3.2　字幕设计窗口

执行"文件>新建>旧版标题"命令，弹出"新建字幕"对话框，用户可以根据需要设置字幕的宽度、高度、时基和像素长宽比，默认设置与当前序列的设置相同，用户还可以对字幕命名，如图8-137所示。单击"确定"按钮，即可弹出字幕设计窗口，如图8-138所示，该窗口主要由字幕工具区、字幕动作区、文字属性区、字幕编辑区、"旧版标题样式"面板和"旧版标题属性"面板组成。下面主要介绍字幕工具区、字幕动作区、文字属性区和"旧版标题属性"面板。

图8-137　"新建字幕"对话框　　　　　　　　图8-138　字幕设计窗口

1. 字幕工具区

字幕工具区为用户提供了文字创建工具和图形绘制工具，如图8-139所示，使用这些工具可以输入文字或者绘制图形，其中"文字工具"和"垂直文字工具"与8.3.1小节介绍的"工具"面板中的文字创建工具是相同的。

例如，使用"区域文字工具"在字幕编辑区中单击并拖动鼠标，绘制一个文本区域，可以在该文本区域中输入文字内容，并且可以在其上方设置文字属性，如图8-140所示。

图8-139　字幕工具区　　　　　　图8-140　输入文字

2. 字幕动作区

字幕动作区提供了用于对齐、居中和分布字幕的工具，如图8-141所示。选择输入的文字对象后，根据需要单击字幕动作区中相应的功能按钮，即可对文字对象进行相应的操作。例如，选中文字对象后，分别单击"水平居中"按钮和"垂直居中"按钮，可以将文字对象放置在"节目"监视器窗口中水平和垂直居中的位置，如图8-142所示。

图8-141　字幕动作区　　　　　　图8-142　文字水平和垂直居中显示

3. 文字属性区

使用文字工具在文字编辑区中输入文字之后，在字幕设计窗口上方的文字属性区中可以对文字的相关属性进行设置，包括字体、字体样式、字体大小、字间距、行距、对齐方式等，如图8-143所示。

4. "旧版标题属性"面板

"旧版标题属性"面板用于对字幕进行更多的属性选项设置，例如文字的变换效果、文字属性、填充效果、描边效果、阴影效果、背景效果等，如图8-144所示。

图8-144　"旧版标题属性"面板

图8-143　文字属性区

8.3.3　创建路径文字

除了可以在Premiere中输入水平或垂直文字之外，用户还可以先绘制出一条路径，然后沿着这条路径输入路径文字。本小节将通过一个案例向读者介绍如何创建路径文字。

实	创建路径文字
战	最终效果：资源 \ 第 8 章 \8-3-3.prproj
	视频：视频 \ 第 8 章 \ 创建路径文字 .mp4

01.　执行"文件>新建>项目"命令，弹出"新建项目"对话框，设置项目文件的名称和保存位置，如图8-145所示。单击"确定"按钮，新建项目文件。执行"文件>新建>序列"命令，弹出"新建序列"对话框，在预设列表中选择"AVCHD"选项中的"AVCHD 720p30"选项，如图8-146所示。单击"确定"按钮，新建序列。

图8-145　"新建项目"对话框

图8-146　"新建序列"对话框

02.　将视频素材83301.mp4导入"项目"面板，如图8-147所示。将"项目"面板中的83301.mp4视频素材拖入"时间轴"面板中的"V1"轨道，在"节目"监视器窗口中可以看到该素材的效果，如图8-148所示。

图8-147　导入视频素材

图8-148　查看素材效果

03.　执行"文件>新建>旧版标题"命令，弹出"新建字幕"对话框，保持默认设置，如图8-149所示。单击"确定"按钮，新建字幕并自动弹出字幕设计窗口，如图8-150所示。

图8-149　"新建字幕"对话框

图8-150　字幕设计窗口

04. 在字幕工具区中单击"路径文字工具"按钮 ，在字幕设计窗口中绘制曲线路径，如图8-151所示。使用"文字工具"，在刚绘制的曲线路径上合适的位置单击并输入文字，如图8-152所示。

05. 在顶部的文字属性区中对文字的相关属性进行设置，并调整文字位置，如图8-153所示。在"旧版标题属性"面板的"填充"选项区中设置"颜色"为#332872，在"描边"选项区中单击"外描边"选项右侧的"添加"，添加外描边效果，对相关选项进行设置，如图8-154所示。

06. 在"旧版标题属性"面板中勾选"阴影"复选框，并对相关选项进行设置，如图8-155所示。在字幕编辑区中可以看到为文字添加描边和阴影的效果，如图8-156所示。

图8-151　绘制曲线路径

图8-152　输入路径文字

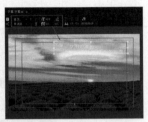
图8-153　设置文字属性

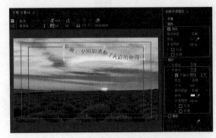
图8-154　设置填充和描边选项

图8-155　设置"阴影"选项

图8-156　文字效果

07. 完成字幕的创建和效果设置，关闭字幕设计窗口，在"项目"面板中可以看到创建的"字幕01"，如图8-157所示。将"项目"面板中的"字幕01"拖至"时间轴"面板中的"V2"轨道上，如图8-158所示。

08. 完成路径文字的创建与设置，在"节目"监视器窗口中可以看到创建的路径文字的效果，如图8-159所示。

图8-157　"项目"面板

图8-158　将字幕添加到"时间轴"面板中

图8-159　路径文字效果

TIPS 小贴士

如果需要修改字幕的文字效果，可以双击"项目"面板或"时间轴"面板中的字幕，在弹出的字幕设计窗口中对文字内容或文字属性进行修改。

8.3.4　制作横向滚动字幕

滚动字幕是字幕的重要组成部分，是传递信息的重要手段。本小节将通过一个案例来讲解横向滚动字幕的制作方法，横向滚动字幕一般用于展示插入消息、广告、天气预报等，一般出现在画面的下方。

实战　制作横向滚动字幕
最终效果：资源 \ 第 8 章 \8-3-4.prproj
视频：视频 \ 第 8 章 \ 制作横向滚动字幕 .mp4

01.　执行"文件>新建>项目"命令，弹出"新建项目"对话框，设置项目文件的名称和保存位置，如图8-160所示。单击"确定"按钮，新建项目文件。执行"文件>新建>序列"命令，弹出"新建序列"对话框，在预设列表中选择"AVCHD"选项中的"AVCHD 1080p30"选项，如图8-161所示。单击"确定"按钮，新建序列。

图8-160　"新建项目"对话框　　　　图8-161　"新建序列"对话框

02.　将图片素材83401.jpg至83408.jpg导入"项目"面板，如图8-162所示。在"项目"面板中同时选中刚导入的多个图片素材，单击"项目"面板中的"自动匹配到序列"按钮，弹出"序列自动化"对话框，设置如图8-163所示。

图8-162　导入图片素材　　　图8-163　设置"序列自动化"对话框

03.　单击"确定"按钮，完成"序列自动化"对话框的设置，自动将选择的多个素材按顺序添加到"时间轴"面板中的"V1"轨道，并自动在素材之间添加默认的视频过渡效果，如图8-164所示。执行"文件>新建>旧版标题"命令，弹出"新建字幕"对话框，设置如图8-165所示。

图8-164　"时间轴"面板　　　　　图8-165　设置"新建字幕"对话框

04.　单击"确定"按钮，新建字幕并自动弹出字幕设计窗口，如图8-166所示。使用"文字工具"，在字幕编辑区下方单击并输入相应的文字内容，如图8-167所示。

图8-166　字幕设计窗口　　　　　图8-167　输入文字

05.　对文字的相关属性进行设置，并在字幕编辑区中调整文字到合适的位置，如图8-168所示。单击文字属性区中的"滚动/游动选项"按钮 ，弹出"滚动/游动选项"对话框，设置如图8-169所示。

图8-168　设置文字属性　　　　　图8-169　设置"滚动/游动选项"对话框

06.　单击"确定"按钮，完成"滚动/游动选项"对话框的设置，关闭字幕设计窗口，在"项目"面板中可以看到创建的名称为"风景介绍"的字幕，如图8-170所示。执行"文件>新建>旧版标题"命令，弹出"新建字幕"对话框，设置如图8-171所示。

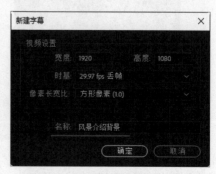

图8-170　"项目"面板　　　　　图8-171　设置"新建字幕"对话框

07. 单击"确定"按钮，新建字幕并自动弹出字幕设计窗口，使用"矩形工具"，在字幕编辑区下方单击并拖动绘制一个矩形，如图8-172所示。在"旧版标题属性"面板中的"填充"选项区中设置"颜色"为黑色，"不透明度"为50%，效果如图8-173所示。

图8-172　绘制矩形

图8-173　设置矩形的填充颜色和不透明度

08. 关闭字幕设计窗口，在"项目"面板中可以看到创建的名称为"风景介绍背景"的素材，如图8-174所示。将"项目"面板中的"风景介绍背景"素材拖入"时间轴"面板中的"V2"轨道，将光标移至该素材的右侧，单击并向右拖动，调整该素材的持续时间与图片素材的持续时间相同，如图8-175所示。

图8-174　"项目"面板

图8-175　拖入素材并调整持续时间

09. 将"项目"面板中的"风景介绍"字幕素材拖入"时间轴"面板中的"V3"轨道，并调整该素材的持续时间与图片素材的持续时间相同，如图8-176所示。在"时间轴"面板中拖动时间指示器，即可在"节目"监视器窗口中看到滚动字幕的效果，如图8-177所示。

图8-176　拖入素材并调整持续时间

图8-177　查看字幕效果

10. 完成横向滚动字幕的制作，在"节目"监视器窗口中单击"播放"按钮，预览视频效果，如图8-178所示。

图8-178　预览横向滚动字幕效果

8.3.5 制作文字遮罩片头

在Premiere中，用户除了可以实现文字的基础滚动效果之外，还可以将视频效果应用于文字对象，从而创造出多种多样的文字动画效果。本小节将制作一个文字遮罩片头，主要是通过为文字应用"轨道遮罩键"视频效果，从而实现文字遮罩视频的效果。

实战 制作文字遮罩片头
最终效果：资源 \ 第 8 章 \8-3-5.prproj
视频：视频 \ 第 8 章 \ 制作文字遮罩片头 .mp4

01. 执行"文件>新建>项目"命令，弹出"新建项目"对话框，设置项目文件的名称和保存位置，如图8-179所示。单击"确定"按钮，新建项目文件。执行"文件>新建>序列"命令，弹出"新建序列"对话框，在预设列表中选择"AVCHD"选项中的"AVCHD 1080p30"选项，如图8-180所示。

图8-179　"新建项目"对话框

图8-180　"新建序列"对话框

02. 切换到"轨道"选项卡中，只保留"音频1"轨道，将其他音频轨道删除，如图8-181所示。单击"确定"按钮，新建序列。在"项目"面板的空白位置双击，在弹出的"导入"对话框中同时选中需要使用的视频和音频素材，如图8-182所示。

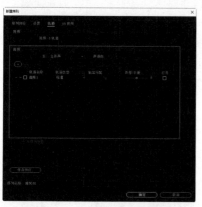

图8-181 删除不需要的音频轨道　　　　　图8-182 选择需要的视频和音频素材

03. 单击"打开"按钮，将所选择的素材导入"项目"面板，如图8-183所示。将83501.mp4视频素材从"项目"面板拖入"时间轴"面板的"V1"轨道，如图8-184所示。

图8-183 导入视频和音频素材　　　　　图8-184 拖入视频素材

04. 在"V1"轨道的视频素材上单击鼠标右键，在弹出菜单中执行"取消链接"命令，选择"A1"轨道中的音频素材将其删除，如图8-185所示。在"节目"监视器窗口中可以看到该视频素材的效果，如图8-186所示。

图8-185 删除视频素材自带的音频　　　　　图8-186 查看视频素材效果

05. 执行"文件>新建>旧版标题"命令，弹出"新建字幕"对话框，设置如图8-187所示。单击"确定"按钮，新建字幕并自动弹出字幕设计窗口，如图8-188所示。

06. 使用"文字工具"，在字幕编辑区下方单击并输入相应的文字内容，如图8-189所示。对文字的相关属性进行设置，并在字幕编辑区中拖动调整文字到合适的位置，如图8-190所示。

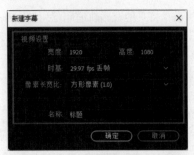

图8-187　设置"新建字幕"对话框

图8-188　字幕设计窗口

图8-189　输入文字

图8-190　设置文字属性并调整文字的位置

07. 单击文字属性区中的"滚动/游动选项"按钮 ，弹出"滚动/游动选项"对话框，设置如图8-191所示。单击"确定"按钮，完成"滚动/游动选项"对话框的设置，关闭字幕设计窗口。在"项目"面板中将标题素材拖入"时间轴"面板的"V2"轨道，并调整其时长与"V1"轨道中的视频素材时长相同，如图8-192所示。

图8-191　设置"滚动/游动选项"对话框

图8-192　拖入标题素材并调整其时长

08. 在"节目"监视器窗口中可以看到标题素材的默认效果，如图8-193所示。打开"效果"面板，展开"视频效果"中的"键控"视频效果组，拖动"轨道遮罩键"视频效果至"V1"轨道中的视频素材上，如图8-194所示，为该视频素材应用"轨道遮罩键"视频效果。

图8-193　标题素材默认效果

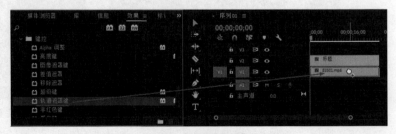

图8-194　应用"轨道遮罩键"视频效果

09. 打开"效果控件"面板，设置"轨道遮罩键"视频效果的"遮罩"选项为"视频2"，如图8-195所示，使用标题文字遮罩视频。在"节目"监视器窗口中可以看到文字遮罩的效果，如图8-196所示。

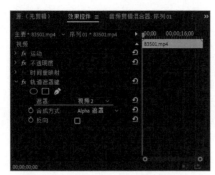

图8-195 设置"遮罩"选项

图8-196 文字遮罩的效果

10. 在"项目"面板中将音频素材83502.mp3拖入"时间轴"面板中的"A1"轨道，如图8-197 所示。执行"文件>导出>媒体"命令，弹出"导出设置"对话框，设置如图8-198所示，单击"导出" 按钮，导出视频文件。

图8-197 拖入音频素材

图8-198 设置"导出设置"对话框

11. 完成文字遮罩片头的制作，在"节目"监视器窗口中单击"播放"按钮，预览视频效果， 如图8-199所示。

图8-199 预览文字遮罩片头效果

8.4 本章小结

　　通过对本章内容的学习，读者可以掌握在Premiere中为素材添加各种视频效果和视频过渡效果的方法，以及字幕的添加和处理方法，能够灵活应用Premiere中的各种效果制作出独一无二的短视频作品。